整体形象设计

范红梅　编著

東華大學出版社·上海

图书在版编目（CIP）数据

整体形象设计 / 范红梅编著. —上海：东华大学出版社，2015.9
ISBN 978-7-5669-0898-8

Ⅰ. ① 整… Ⅱ. ①范… Ⅲ. ①个人—形象—设计 ①B834.3

中国版本图书馆CIP数据核字（2015）第229043号

责任编辑　杜亚玲

封面设计　新　树

整体形象设计

ZHENGTI XINGXIANG SHEJI

编　　著：范红梅
出　　版：东华大学出版社（上海市延安西路1882号，200051）
网　　址：http://www.dhupress.net
天猫旗舰店：http://dhdx.tmall.com
营销中心：021-62193056　62373056　62379558
印　　刷：当纳利（上海）信息技术有限公司
开　　本：889 mm × 1194 mm　1/16　印张：7.75
字　　数：264千字
版　　次：2016年6月第1版
印　　次：2022年7月第4次印刷
书　　号：ISBN 978 - 7 - 5669 - 0898 - 8
定　　价：49.00元

前 言

形象设计作为一门新兴的综合艺术学科，正走入并影响到人们的生活。无论是政界要人、商人、明星，还是平民百姓都祈盼有一个良好的个人形象展示在公众面前。人们急于提高自我形象设计的能力，但却常感到力不从心，往往投入颇大而又收效甚微，甚至适得其反。这种情况往往就是忽略了对形象设计艺术要素的理解和掌握，那么掌握了形象设计的艺术原理，也就等于找到了开启形象设计大门的钥匙。

西方从事形象设计行业的设计师享有很高的社会地位和经济收入，成为一项无数爱美之人渴望的美丽而又时尚的职业，因此，随着我国综合国力的不断提升、商品经济的兴旺发达、人民生活水平的提高，发展形象设计专业人才的教育培养成为社会各个领域的需求，这对提高社会整体素质具有重要的意义。

目前，在我国人们对个人形象的提升越来越重视，促成了美妆行业的飞速发展，也带动了从业设计人员专业水准的提升。作为本书的编著者已从事服装和形象设计相关教学工作十多年，积累了丰富的教学和实践经验，为构架此书奠定了良好的基础。本书注重应用层面和实践环节的教学，着力整体形象设计和创意设计的探讨与分析，具有较强的实用性和可操作性。

《整体形象设计》主要内容为形象设计的基本知识；形象设计的四大构成要素，包括色彩形象、头部形象、形体形象及服饰形象等构成要素；创意形象设计三大部分，其中创意形象设计部分的内容多以编者多年积累的课堂教学习作为参考图例。此书可作为高校形象设计专业、服装专业的教材，也可以成为相关从业人员的参考读物。

在此向被本书援引或借鉴的作者们表示诚挚的感谢和深深的敬意。由于编者水平有限，难免有疏漏、不妥之处，书中有不尽如人意之处还望读者谅解。本书在编写过程中选用了国内外优秀形象设计图片作为本书的参考，在此对图片提供者表示感谢。

编　者

目　录

第一章　形象设计的基本知识

一、形象设计的概念与特性

形象设计可分为城市形象设计、企业形象设计、人物形象设计、产品形象设计等。对形象设计进行细分，可以让我们更清晰了解形象设计的概念，明白形象设计不只是人物形象设计，还包括了其他行业，而每一个领域的形象设计都需要非常专业的知识，才能成为这个领域的真正合格的形象设计师。

形象是对某人或某事物的视觉记忆、印象、评价等态度的总和，是人们对事物和人抱有特定感情的影像。

形象是人物的外在表现，形象是作为形于外而诉诸内的整体。形象是可以直接或间接感受到的确定行为。形象既包括色彩、线条、形状、音韵等外在形式，也包括生命力、气韵、精神等内在实质。

形象是人的精神面貌、性格特征等的具体表现，并以此引起他人的思想或感情活动。它就像一种介质存在于人的主体和客观的环境之间。每个人都通过自己的形象让他人认识自己，而周围的人也会通过这种形象对你做出认可或不认可的判断，这种形象不仅包括人的外貌与装扮，而且包括言谈举止、表情姿势等能够反映人的内在本质的内容。

形象设计并不仅仅局限于适合个人特点的发型、化妆和服饰，也包括内在性格的外在表现，如气质、举止、谈吐、生活习惯等。从这一高度出发的形象设计，决非化妆师或服装设计师的能力所能完成的，因而出现了形象设计师这一新的职业。形象设计师是帮助您解决个人形象的困扰问题，例如如何穿衣最得体？通过打造后，您完全可以尝试很多新鲜色彩与风格，从内在到外在形象上有一个更高的突破。形象设计也称形象顾问，从事的工作范围是对个人形象进行整体设计、指导。针对每个人与生俱来的人体色基本特征和人的面部及身材、气质及社会角色等各方面综合因素，通过专业诊断工具，测试出人的色彩范围与风格类型，帮助对象找到最合适的服饰色彩、染发色、彩妆色、服饰风格款式、搭配方式，并根据本人的角色需求、职业需求和场合需求来建立和谐完美的个人形象。

形象设计是身心的完美设计，形象设计要符合区域文化、区域审美、环境审美、群体审美、个体审美，形象设计更应该是一个战略，而不只是局限在技术，形象设计师需要学习的不只是搭配、色彩，更需要学习造型元素、造型元素心理学、环境心理学、灵性思维、艺术修养等。

形象设计的相关特性包括：

形象的客观性：

形象是通过其形、色、性、态来表现的。

形象的主观性：

虽然形象是在客观存在基础上形成的，但必须反映到人的主观意识上才被认识的(被别人看到的形象才有作用)。

形象的稳定性：

形象一旦形成，就不会轻易或很快改变。

形象的综合性：

形象是由各方面多个局部形象组成的综合总体形象。

形象的传播性：

为了能够主动地在他人心目中建树特定良好的形象，必须借助传播这一主要渠道和手段。

形象的可塑性：

可以通过相应的技术手段来塑造自己、修饰自己。

二、形象设计领域

在国外，形象设计是一项很常见的服务，它的消费者主要来自政界、企业界或演艺界的公众人士，除了因为它的费用不菲外，还由于公众人物的形象对其事业和未来人生道路所产生的影响更为巨大。形象顾问这一职业在西方社会已经风行多年了，早在60多年前，约翰·肯尼迪就凭借着专业形象顾问班底为他打造的魅力形象，与优雅惊世的太太杰奎琳一道，以不凡的品位和气度打败对手尼克松，胜出总统竞选。从那以后，形象顾问就登上专业的舞台（图1-1）。

在国内，真正意义上的形象设计也已有多年的历史，但它一直局限在演艺圈，并被称为“包装”。对演艺明星的包装其实就是造型设计。

形象咨询业是西方发达国家在拥有了先进的色彩与形象理念和成熟的色彩应用技术基础上发展起来的专业化、科学化的新兴行业，其应用范围极为广泛。包括：让普通人迅速提升形象品位、进行时尚而精致的商业色彩设计、大手笔的环境色彩设计。只要与美有关，与视觉有关，都有了形象的痕迹。因此，在西方从事形象咨询业的形象顾问享有很高的社会地位和经济收入，并成为一项无数爱美之人渴望的美丽而时尚的职业。

人与社会、人与环境、人与人之间是有着相互联系的，在社交中，谈吐、举止与外在形象同等的重要。良好的外在形象是建立在自身的文化修养基础之上的，人的个性及心理素质则要靠丰富的文化修养来调节。具备了一定的文化修养，才能使自身的形象更加丰满、完善。在形象设计中，如果将体形要素、服饰要素比为硬件的话，那么文化修养及心理素质则是软件。硬件可以借助形象设计师来塑造和变化，而软件则需靠自身的不断学习和修炼。“硬件”和“软件”合二为一时，才能达到形象设计的最佳效果。

个人形象设计涉及的相关行业技术岗位有：职业形象咨询顾问、职业色彩顾问、化妆师、彩妆讲师、彩妆顾问及形象工作室、女子俱乐部及时尚媒体、公关广告公司、化妆品公司、摄影工作室、各大电视及娱乐演出公司、服装公司、服装零售店、剧组影视造型的形象服务人员等。

三、形象设计的社会作用

形象即社会公众对个体的整体印象和评价。形象是人的内在素质和外形表现的综合反映。人与人交往的头七秒种就会形成第一印象，第一印象主要是根据对方的仪表和服装等整体形象形成的直观印象，这种初次获得的印象往往是今后交往的依据。在社会高速发展的今天，第一印象有时会决定是否有第二次见面的机会，越来越多的人希望拥有得体优雅的外在表现。形象设计的职业就此随着社会发展的需要应运而生。

“形象”一词，起源于1950年的美国，在当时美国社会各阶层中，对于本身的信誉十分看重，尤其是工商企业界及政界人士纷纷有计划地塑造良好的个人形象。而“形象设计”这一概念则源自舞台美术，后来被时装表演界人士使用，用于时装表演前为模特设计发型、化妆、服饰的整体组合设计，随即发展成为特定消费者所作的相似性质的服务。由于形象设计不但有消费者构成市场需求，而且化妆美容用品以及服饰厂商都可以借用它作为促

◎ 图1-1

销手段，因此，在国际上发展速度极快。在美国，形象设计已经是与商业紧密结合的产业，其设计形态已达到生活设计阶段，即以人为本，以创造新的生活方式和适应人的个性为目的，并对人的思想和行为作深入的研究。国内自20世纪80年代末以来，也出现不少从事形象设计工作的人员。他们一般是从美容、美发、化妆、服装（饰品）设计等职业中分流出来的。这些人员逐渐从业余到专业，从擅长一门（或化妆或美发或服装或饰品）到注重整体，取得了长足的进步和社会的认同。中国的形象设计业和国外相比虽然起步较晚，但是随着人们对美的认识和要求不断增强，市场需求越来越大，形象设计职业也越来越热。

四、形象设计的过程及构成要素

形象设计的过程是运用化妆、发型、配饰等手段改善头部形象，了解并掌握人体的头部形象、形体形象、人体色、姿势、动作等要素；综合运用服装的轮廓型、色彩、材质工艺、风格、流行等要素；并结合训练身体语言、礼仪、对话方式等，设计塑造具有独特风格的个人整体形象（图1-2）。

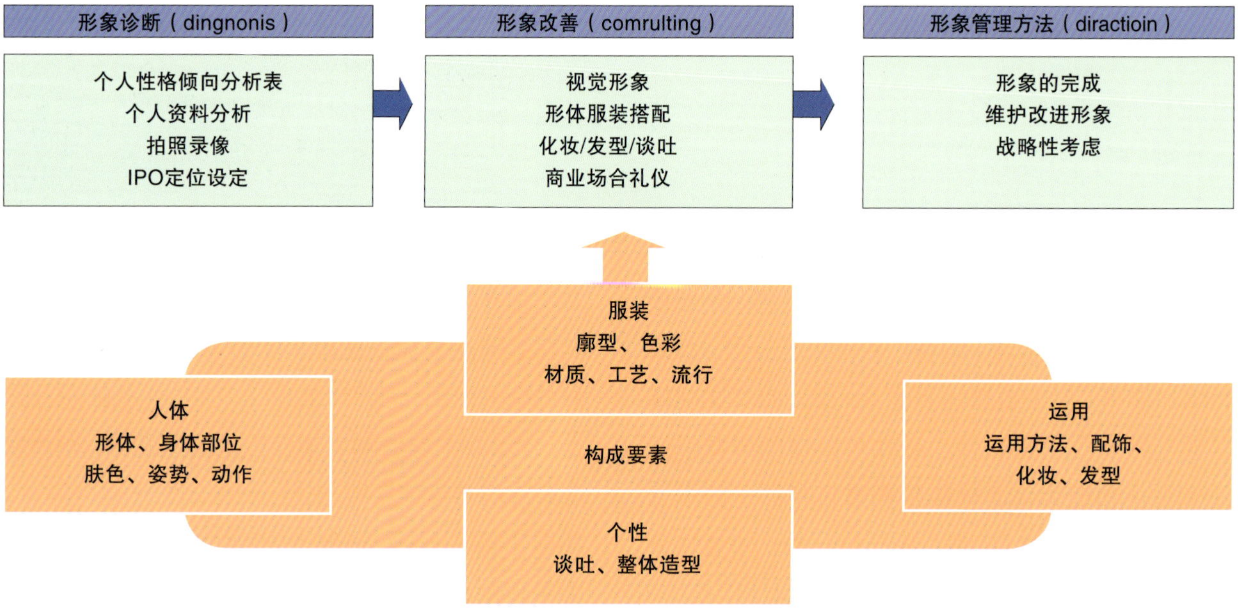

◎ 图1-2　风格各异的个人形象

第二章　整体形象色彩设计

第一节　了解色彩

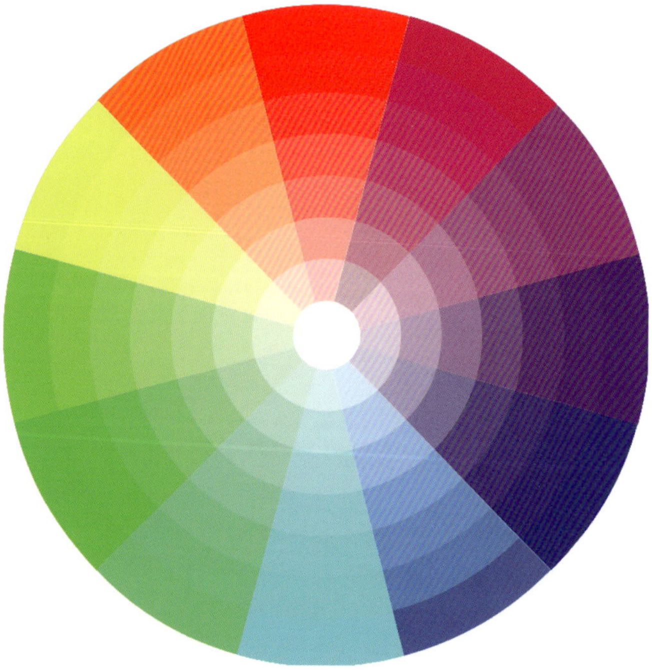

一、色彩分类及属性

色彩可定义为通过视觉对光产生的知觉现象。在物理学角度，色彩可称为可视光线的领域，通过物体的反射光感知色彩。色彩作为设计里最清晰、最强烈、最刺激的要素，有着最早被意识并保持持续记忆的倾向。在整个设计要素中，色彩是最为复杂、最有创造空间的要素。

基于人们不同的喜好标准、生活环境以及生活经验，对于色彩的感觉是因人而异的。要想更有效地利用色彩，需要对与整体形象设计相关的色彩知识进行全面了解。

1. 无彩色系

黑色、白色及黑、白两色相混的各种深浅不同的灰色系列，合称为无彩色系。从物理学角度看，它们不包括在可见光谱之中，即光谱色中不存在黑、白、灰，故不能称之为色彩。无彩色系的最突出特点是只有明度变化，而不具备纯度和色相。也就是说其色相、纯度都等于零。

2. 有彩色系

有彩色是以红、橙、黄、绿、青、蓝、紫为其基本色。基本色之间不同量的混合所产生的千千万万个色彩都属于有彩色系列。有彩色系中的任何一种色彩都具有三个属性：色相、明度、纯度。换句话说，一种颜色只要具有三种属性的都属于有彩色。有彩色的突出特点就是：既有色相，又具有纯度和明度。

3. 独立色

独立色包括金色、银色、各种荧光色等，色彩性质相对独立。独立色与无彩色都是很好的搭配色（图2-1）。

人类肉眼所能感知的色彩分类可以分成有彩色和无彩色。根据明暗程度即明度，无彩色可以再被细分为若干个色彩。有彩色则根据色彩的相貌、明暗度、浓淡来进行分类。色相、明度、纯度是色彩的三个属性。

色相：色相是指色彩的相貌。在色彩的三个属性中，色相被用来区分颜色。根据光的不同波长，色彩具有红色、黄色或绿色等性质，这被称之为色相。

明度：根据物体的表面反射光的程度不同，色彩的明暗程度就会不同。这种色彩的明暗或深浅程度称为明度。在孟塞尔颜色系统中，黑色的明度被定义为0，而白色被定义为10，其他系列灰色则介于两者之间。

纯度：纯度指的是色彩的饱和程度。光波波长越单纯，色相纯度越高，相反，色相的纯度则越低。色相的纯度显现在有彩色里。

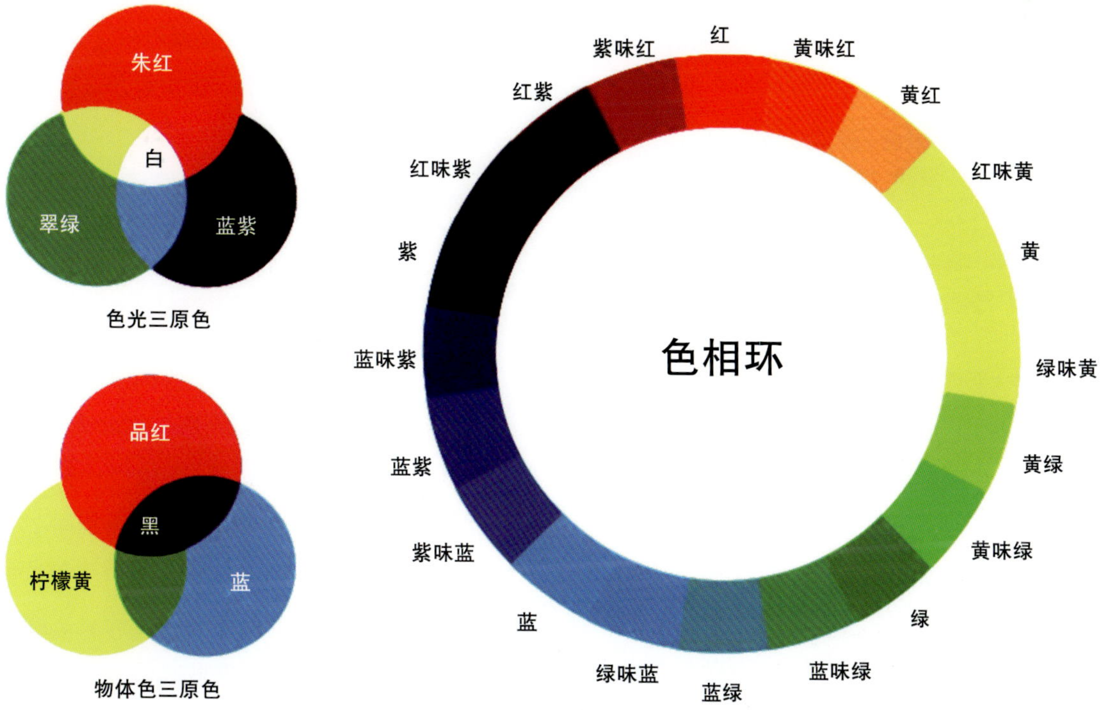

◎ 图2-1　色彩的分类

高明度、高纯度的色彩能给人以明朗、活泼之感，而低明度、低纯度的色彩给人的感觉是沉重和暗淡，中明度、中纯度的色彩显得温和而羸弱。

二、色彩形象

色彩有着自身固有的特性。在更深入了解色彩带给人们的联想和其象征性的基础上，设计师需要把这些色彩融入充满个性和魅力的形象之中，使之成为优秀的形象设计作品。

1. 红色

红色使人联想起太阳、火花、鲜血、红葡萄酒、玫瑰等具体实物，它具有热情、活力、紧张、健康、生命、欢喜等抽象的感觉。一方面，红色作为刺激感官和充满热情的的颜色，能使人们感觉到力量和动力；另一方面，红色象征着攻击性情感和愤怒，给人以幼稚、野蛮和粗俗的印象。

红色也象征着火焰，因而可用来表示危险和警告。在心理学中，偏爱红色的人被认为是充满热情并能直接表现人类本能需求的外向型性格。不过，这类人群容易冲动、好嫉妒，喜欢感情用事，也容易与人发生冲突。

红色色系包括桃红、玫瑰红和绯红等。前两者可以用来描绘春天或者新娘，而后者则表现为充满热情和女性魅力。

2. 橙色

橙色使人们联想起太阳、火花、柿子、夕阳、橘子等具体实物，它具有活力、丰富、友情、元气、健康、愉快、温馨等抽象的感觉。橙色的视觉效果比红色弱，但也能使人联想到火焰。因此，温暖而充满活力的橙色形象可以表现出精力旺盛的形象。橙色是年轻人非常偏爱的色彩，能给他人以热情奔放的印象。从心理学角度来说，橙色有增强人的食欲的作用，它还具有以其社交性和亲和力而引起周围人群关注的特征。

橙色色系包括金橙和橘红等。前者给人以明亮、高贵的感觉，而后者感觉新鲜感，富有异国情调。

3. 黄色

黄色使人联想起阳光、向日葵等具体实物，它具有好奇、轻盈、幸福、注意、警告、轻率等抽象的感觉。一方面黄色象征着光源和能量，可以表现出明朗、生动的形象；另一方面，黄色给人以轻薄和苍白的印象，人会因此显得有些神经质。在心理学中，偏爱黄色的人处事果断，对新鲜事物富有强烈的冒险精神。黄色色系包括柠檬黄、向日葵黄、香槟黄等。这些色彩给人带来清新的感觉，能够吸引人们的视线。黄色可以表现出干净的形象，给人们带来快乐感觉。因此，黄色被广泛运用在室内设计、小装饰和配饰等方面。

4. 绿色

绿色使人联想起草地、山峦、蔬菜等具体实物，具有沉着、健康、安定、知性、成熟等抽象的感觉。绿色象征大自然，可以表现出充满希望与和平的安详形象。同时，绿色也是象征年轻与生命的色彩，给人以新鲜、新芽般嫩绿的感觉。在心理学中，偏爱绿色的人性情温和，讲究礼节，并拥有融洽的社会关系，不喜欢纷争，有牺牲精神，是典型的和平主义者。绿色色系包括橄榄绿、嫩绿、苹果绿等。这些色彩有着强烈的自然亲和力，多用来塑造健康的形象。

5. 蓝色

蓝色会使人联想起大海、蓝天等具体事物，具有宁静、寂静、神秘、冷静、永恒等抽象的感觉。一方面，蓝色像大海和天空一样宁静而神秘，它可以象征年轻、理智和希望等感觉；另一方面，蓝色属于冷色系范畴，有时也象征着冷静、犹豫、孤独等感觉。在心理学中，偏爱蓝色的人自由奔放、充满活力、富有创造力、且讲究逻辑思维和具现实主义。不过这类人也容易沦为自闭和边缘群体。

蓝色色系包括具有冷静、干练风格的浅蓝、天蓝以及表现英国皇室贵族气质的品蓝等。

6. 紫色

紫色使人联想起葡萄、薰衣草等具体事物。一方面，紫色给人带来神秘、优雅、华丽、高尚等感觉；另一方面，紫色又给人以孤独、悲伤、烦躁的感觉。此外，紫色还能表现出敏锐的艺术感。在心理学中，偏紫色的人具有热情、浪漫的性格。这类人在艺术界较为普遍。紫色还可以象征财富和信仰。

紫色色系中的淡紫色和紫罗兰色一直是贵族气质和神秘形象的代表色。

7. 棕色

棕色很容易使人联想起土壤、大地、陶器、枫叶、庄稼等具体事物，给人带来朴素、保守和沉着的感觉。棕色作为表现民俗传统和温暖安定的载体，象征着硕果累累的秋天。在心理学中，人们可以在棕色中找到精神上的安定感和温暖感。因此，偏爱棕色的人责任心强，性格比较外向。

棕色色系包括米色、象牙色和赭石色等，这些颜色给人以充满安定感和精明干练的形象。

8. 白色

白色使人联想到婚纱、雪花、医院等具体事物，给人带来纯净、高贵、神圣、洁白等感觉。白色是洁净和纯洁的代表，表达和平之意。有时，白色还能引发人们的孤独感。偏爱白色的人非常在意自己周围的人，有着追求完美理想的倾向。

9. 黑色

黑色使人联想起黑玫瑰、木炭、丧服等具体事物。作为夜的代名词，黑色给人带来黑暗、不安、恐惧、死亡、权威、虚无等抽象的感觉。偏爱黑色的人好压抑自己的感情，具有不坦率、忧郁的性格。

虽然黑色的象征意义中有较多的不祥内容。但仍然无法阻挡黑色在服装中的大量应用。佩戴黑色饰品能起到突出表现的效果。黑色与其他颜色搭配可以表现出比较鲜明、强烈的形象。作为正装的经典色，黑色能表现出沉稳、严肃的形象。

三、色调形象

色调是对色彩的明度和纯度的整体表现。这一概念有助于人们清晰、简单地理解色彩的形象。在复杂多样的化妆领域，这个词语出现的频率比较高，能够有效地传递出实际的形象。根据PCCS色彩体系，色调被分成鲜艳色调（v）、强烈色调（s）、明亮色调（b）、淡色调（p）、轻柔色调（sf）、浅灰色调（ltg）、浅色调（lt）、灰色调（g）、浊色调（d）、深色调（dp）、暗色调（dk）和暗灰色调（dkg）等12种（图2-2）。

1. 鲜艳的色调

鲜艳色调和强烈色调属于纯度最高的鲜艳色彩，适合营造出华丽、明快、强烈和刺激性的形象。它能表达出大胆和自由芬芳的气质以及强烈的主观意识形态。这组颜色在夏装和运动装中使用比较广泛，同时也在艺术妆和形象妆中大量运用。但是，在彩妆中，它们仅仅作为局部的强调色加以运用（图2-3）。

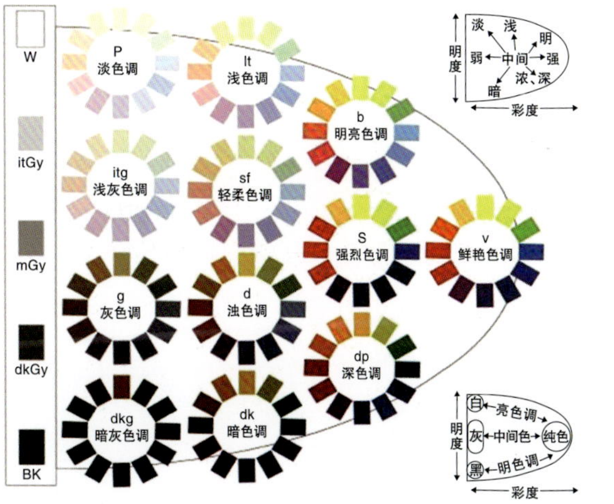

◎ 图2-2　色调形象

◎ 图2-3 鲜艳的色调

2. 明亮的色调

浅色调、淡色调和轻柔色调是在纯色里加入不同量的白色。它适合演绎新鲜、明朗、健康、柔美和细腻的形象。这种形象比较温和，充满女性气息，同时也有浪漫、温馨之感。使用该色调的颜色，可以轻易打造出梦幻般的感觉。由于色彩本身就很温和、轻盈和自然，所以即使和差别较大的颜色进行搭配，也不会显得突兀，反而能够营造出服装的高档感。如果应用在化妆方面，可以表现出柔美或者是少女感的清新形象（图2–4）。

◎ 图2-4 明亮的色调

3. 朴素的色调

浅灰色调、浅色调、灰色调和浊色调是在鲜艳色中加入灰色而形成的色调。这个色调就像被阳光晒褪了色一样，模糊、充满幻想且宁静。朴素色调能够体现出独有的充实感和成熟感。因此，一般用它来打造中庸和高档的形象。在表现中规中矩而不失个性以及朴素、不张扬而又都市化的形象时，运用这个色调会显得游刃有余。在妆容方面，朴素的色调可以用来表现朴素而自然的形象，其中冷色部分可以用来塑造现代感强的妆容（图2-5）。

◎ 图2-5　朴素的色调

4. 深暗的色调

深色调、暗色调可以表现朴素、阳刚、坚定、沉着等形象以及这种形象所特有的严肃感。深暗色调缺少华丽感，偏向朴素。由于这种色调各颜色之间的区别不是很大，即使很多颜色一起搭配也不会显得太突兀。颜色本身的个性表露并不是很突出，普遍适用于塑造沉着、传统的形象，非常适合各种商务服装。在化妆领域，人们主要用它来打造刚强、好胜、性感的妆容，普遍使用于艺术妆中（图2-6）。

◎ 图2-6　深暗的色调

四、色彩的视觉效果

受所处空间、周围色彩和物体形状的影响，色彩的视觉效果可能会呈现出较大的差异。有时，可以根据特定场合和目的选择瞩目度高的色彩或者带有某种暗示意义的色彩。

1. 暖色/冷色

色彩的冷暖感主要取决于色彩三个属性中的色相。色彩可以分为暖色、冷色和中性色。

一般来讲，波长较长的色彩显得比较温暖，而波长短的色彩则显得冰冷。不过，根据周围环境的变化，浅绿色、绿色、紫色、紫红色等色彩有时可以显得温暖，有时又可以显得很凉爽，这些色彩都属于中性色。

暖色系的代表颜色有红色、橙色和黄色，这些颜色不仅能给人们温暖的感觉，还具有刺激神经的作用。冷色系中的青色、蓝色、青绿色等颜色给人舒爽的感觉，甚至是寒冷，它们具有镇定神经的作用。中性色系中浅绿色、绿色、紫色、紫红和无彩色基本上不会让人直接感觉到温暖或者寒冷。

根据出席场合的不同，商界人士很多时候需要穿正装。在和客户见面时，如果能穿上得体的冷色西服，可以给他人留下沉着、知性、魅力十足的好印象。

2. 前进色/后退色

有些色彩的视觉位置比实际的物理位置靠前。也就是说，目测距离比实际距离更近，这样的颜色就属于前进色。一般来讲，暖色高明度和高纯度等有彩色都属于这个色系。与上述现象相反的就是后退色。通常，冷色、低明度和低纯度的无彩色就属这个色系。前进色和后退色主要是由色相差异造成的。

在室内装潢设计中，可以充分利用这一性质。如果在狭小的空间里使用前进色，可以营造出更宽、更有空间感的氛围。

3. 膨胀色/收缩色

膨胀色在视觉上造成膨胀效果，让物体比实际显得更大一些。这个色系主要包括暖色和高明度色彩。相反，冷色和低明度色彩则属于收缩色系。

进行服装搭配时，臃肿的身材和消瘦的体型一般都要依靠色彩的膨胀和收缩效果进行修饰。

4. 重色/轻色

影响色彩重量感的最大因素是明度。因此，明度的差异直接决定着色彩的重量感。暖色系列的色彩一般感觉较轻，而冷色则较重。明度高的亮色给人的感觉是柔和、轻快、重量轻。明度低的暗色则显得低沉，更有重量感。

同样的物体，如果上半部分是轻便的颜色，下半部分是重色，那么这个物体会显得四平八稳，很有安全感。相反，就会显得头重脚轻，让人不安。

5. 硬朗色/柔和色

高纯度色、暗色、冷色的东西一般看起来有硬朗感，而低纯度色、亮色和暖色则让人感觉很柔软。纯度是影响这种硬软视觉差异的主要原因。

生活用品的开发设计人员经常会使用这一特性。根据商品使用和特性的不同，如果利用好色彩的软硬选择性，就能让同品质产品的受欢迎度大大提高。

6. 兴奋色/镇定色

暖色系中的高纯度色往往能诱发人心理上的兴奋感。相反，冷色系中的低纯度颜色则具有镇定人心的效果。明亮、鲜明的颜色显得气血旺盛、活泼、有活力。暗色则能营造出下沉的氛围，容易让人镇定下来。

第二节　个人形象色彩

个人色彩理论是用来判断适合个人的色彩的体系，如今已经享有很高的知名度。20世纪初期，包豪斯学校的约翰内斯·伊顿教授开始进行色彩分析，个人色彩的概念由此产生。1928年，美国的罗伯特·道尔把色彩的基本色调概念引入到室内装潢领域。从此之后，色彩配色系统开始广为流传。

理雷·拉普把颜色分为各个色系和编号，以供化妆品生产商使用。1940年，苏珊·卡吉尔提出了根据肤色、发色、眼睛的颜色来确定个人色彩的理论。后来，在戴安娜·庞斯出版的服装教材，个人色彩体系结合四季变化的方式开始被采用。1984年，卡洛尔·杰克逊创立了世界色彩形象顾问机构ColorMeBeautiful（缩写为CMB），开始较为系统地介绍有关个人色彩的概念，并使这一概念得到了大众的普遍认可。

个人色彩立足于色彩的基本基调。色彩的基本基调是指在整个色彩中带来共同感的色彩搭配。整体上讲，可分为蓝色气氛的蓝色基调和黄色气氛的黄色基调。季节色彩理论（seasonalcolorsystem）是以把这两种色彩基调用于肤色开始的。

早在20世纪80年代个人色彩理论便传入日本。但是，西方色彩理论很难在日本站住脚。到20世纪90年代，根据日本人的特点而重新整理并定义的个人色彩方案问世。至此，这一理论才得以在日本被接纳。

现在被广泛使用的是三基调理论（threebasecolorsystem）。这一理论是把基本色调分成三种：蓝色基调（bluebase）、黄色基调（yellowbase）以及介于两者之间的无色基调（nobase）。

从20世纪90年代开始，季节色彩系统在韩国成为色彩系统的主流。同时，在日本盛行的三基调理论也在韩国迅速普及开来。

个人色彩主要是指能让肤色呈现出健康状态的颜色。它是能带来自然印象的和谐颜色，是视觉上显得健康的颜色。因此，分析个人色彩最基本的目的是通过诊断而找到一种适合个人的颜色，让肤色能够显得更加健康。

根据皮肤、头发、眼睛的颜色，可以判断出适合此类人的色彩群。如果将这类适合的颜色应用到整体形象的搭配上，将能塑造出适合个人的美丽形象（图2-7）。

一、人体色

在分析个人色彩的过程中，最基本的前提是要首先判断出肤色的基本色调。基本色调可大致分为肤色泛蓝的冷色基调和肤色发黄的暖色基调。

首先，分析一下我们的人体色，主要包括肤色、发色和瞳孔色三个部分。

1. 肤色

皮肤中的血红蛋白、胡萝卜素和黑色素共同决定一个人的肤色，其中黑色素的作用最大。如果血红蛋白较多的话，肤色会显得红润，如果血红蛋白少的话则会显得苍白，静脉血液流通不畅，人的脸色会发青或发黑，一旦皮肤表皮层的黑色素增加，肤色会偏向黄褐色或褐色；如果胡萝卜素增多，

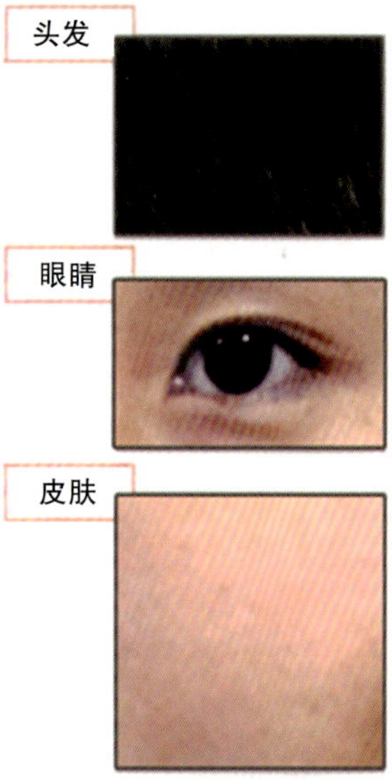

◎ 图2-7 个人色彩理论在形象设计上的应用

皮肤的颜色将变成黄色。中国人的肤色色调是以6.5YR（YR指黄红，即黄与红之间的中间色。）为中心，在5YR至7.5YR的范围之内，而肤色的明度在6~8之间。

黄色基调肤色属暖色系（warmshadecolor）。这类肤色是带有橙色气韵的健康型肤色。蓝色基调肤色属冷色系（colorshadecolor），带有蓝色气韵，缺少红润感。无色基调肤色是处在蓝色基调和黄色基调当中的中间基调的自然色系。

2. 发色

毛发会因为人的不同而有所差别。不仅如此，即使在同一人头中，头发也会因为黑色素的多少而呈现出不同的颜色。黑色素不仅对头发有着着色的功能，还可以避免头皮因过度紫外线照射而受伤。一般来说，人的头发一个月内可以长1.5~2cm。

对于东方人而言，发色的分类比肤色简单，可以分为黑色、棕色、灰色等三种类型。

黄色基调人种的发色包括黄色、橙色和棕色，而蓝色基调人种基本是发质坚韧、光亮的黑色头发。

无色基调中人的发色介于黑色和褐色之间。通常，头发显得不那么黑，属于酒红色系的头发。

3. 瞳孔色

在个人色彩诊断体系中，瞳孔的颜色指的就是虹彩的颜色。虹彩也含有很多黑色素。当眼珠进行舒缓收缩运动时，瞳孔的大小也在跟着发生变化，到达视网膜的光的数量也随之发生变化。白色人种的瞳孔呈青色、灰色，而东方人的瞳孔基本上呈黑色、深棕色或者褐色。在形象设计或者其他领域里，有时可以忽略瞳孔色。

肤色和发色的明度差异主要取决色彩的对比度。不仅是脸色，脸型也会影响个人的色彩基调。一般来说，肤色越明亮，发色越黑，色彩的明度差就越大，而对比度也就越高。如眼睛大的人和眉毛浓的人对比度就略为大一些。换言之，肤色、发色和发质、瞳孔色等特点是决定对比度的重要因素。根据对比度的高低，继而可以判断出个人色彩。

二、个人色彩分析的相关理论

1.三基调色彩理论

三基色理论把皮肤的基本色调分成蓝色基调、黄色基调以及介于两者中间的无色基调等三种。肤色和发色的对比度决定着三基色的类型。黄色基调、蓝色基调和无色基调三种基调，再加上对比度的差异，从而形成了浅色、朴素色、华丽色、暗色等颜色色调。并且，它们共同组合出对应的类型。

2.季节色彩理论

季节色彩理论是分析个人形象色彩的另一种方法。

季节色彩（seasonalcolor）是以皮肤的基本色调分类为基础，以皮肤的蓝色基调、黄色基调和无色基调等三个分类为基础，分成春季、夏季、秋季、冬季四种类型（图2–8）。

春季型：春季型人表现出可爱、轻快、朝气蓬勃的形象。这种类型人的肤色和发色比较亮，属于黄色基调。

皮肤光滑、亮丽、透明，质感大致薄、透，容易出现雀斑和其他各类斑点。肤色大致是象牙色、米黄色、蜜桃色等。发色是亮丽的棕色，发丝细软光亮。瞳孔的颜色以亮棕色或褐色为主，眼睛光亮有神。

与之相适应的颜色主要是黄色系中的暖色和其他鲜明色彩，即鲜亮明色和亮柔和色。但白色和蓝色等冷色以及沉重灰暗的色彩不适合这种类型的人。

夏季型：夏季型的人让人感觉有些冷漠。但从整体上看，可以表现出温柔、亲切、温和的女性形象，属于蓝色基调。

肤色虽然发出粉红色的光彩，但是红色皮肤的人占多数。因此肤色的深浅度大体上为中间色或暗色，具体包括粉红色、带有玫瑰光彩的白色以及偏黑的红色等。发质缺少光泽，细而干燥，发色以亮色的金色或者暗棕色为主。瞳孔大多是柔和的棕色，给人带来女人般的温柔感。此外，瞳孔还呈现出蓝色、栗色、深棕色等浅灰色系列的颜色。

适合这种类型的颜色有柔和色和天蓝色。

秋季型：秋季型人以黄色为主，给人以沉稳之感，能表现出有内涵和深度的温柔形象。这类季节的人稍带富态，可以塑造出朴素而经典的形象，属于黄色基调。

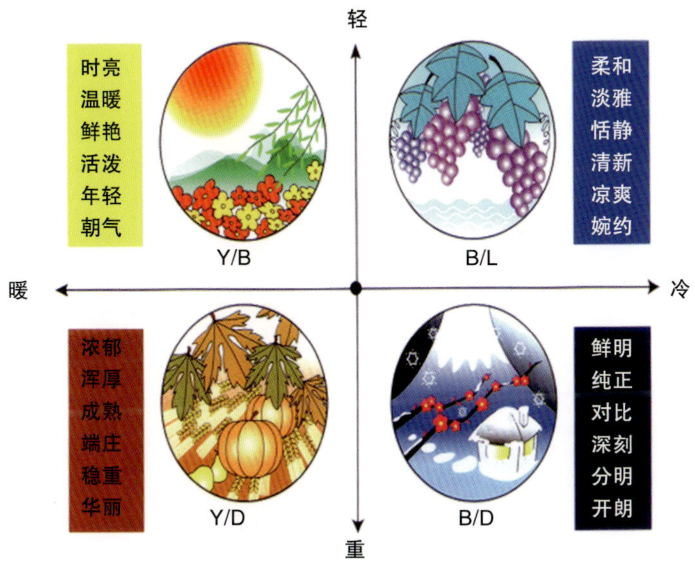

◎ 图2–8　季节色彩理论

肤色是黄色系中的橙色和棕色，发色是深棕色或泛红色光泽的黑色，而瞳孔的颜色则是深棕色或黑色。

适合这类型人的色彩以黄色系为主。这些色彩能带来沉稳感和深度感。相反，冷色和鲜艳的颜色则不适合这类型的人。

冬季型：冬季型人带有蓝色的光彩，多是鲜明、强烈的色彩，带有沉稳感，其对比度较大。这类型的人拥有清澈、鲜明的形象，都市感及开放性的派头十足，非常引人注目，属于蓝色基调。

肤色白皙泛蓝光，显得冷而苍白。发色主要是黑色或银灰色，瞳孔则以深棕色、黑色、黑棕色为主。

适合这一类型人的颜色以冷色系的白色、蓝色为主，也包括对比度较大的颜色，如黑色、白色等（图2–9）。

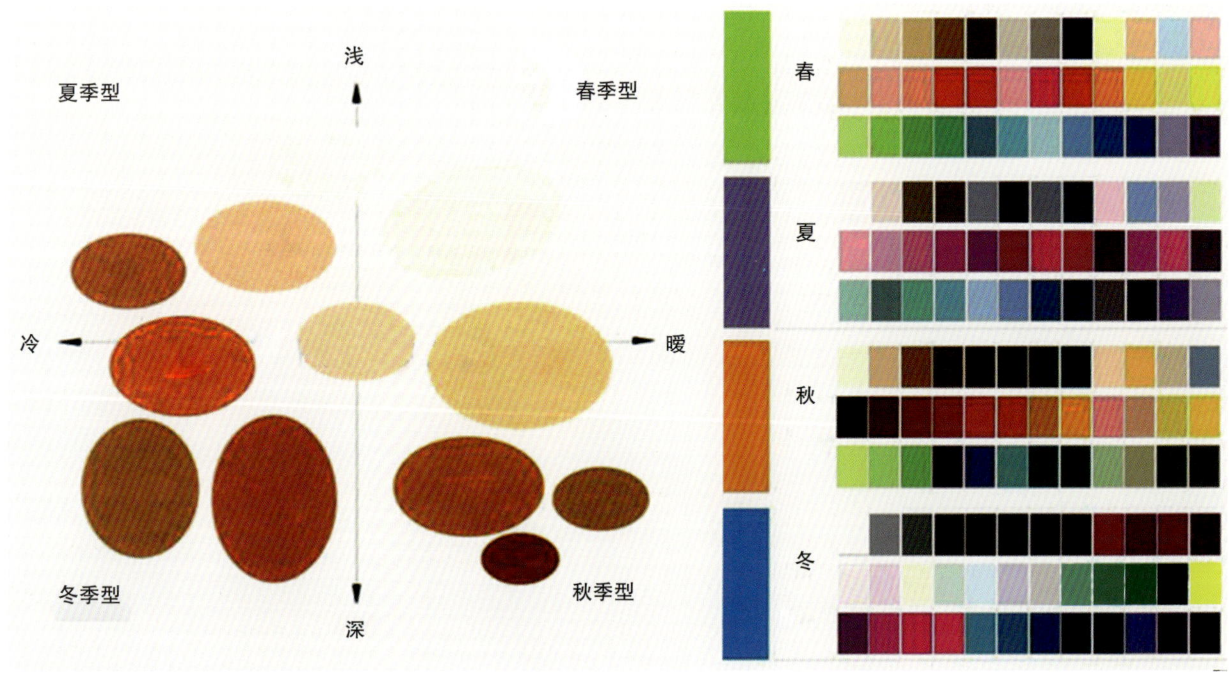

◎ 图2–9　季节色彩理论分析图

第三节　化妆色彩的搭配

形象色彩的妆色是利用色彩的各种对比与调和的关系，借助不同的化妆材料与化妆技术，以色彩的形式修饰或弥补人的面部及身体等部位的不足，从而提升整体形象美感，达到扬长避短的目的。妆色包括底色、眼影、腮红、口红等化妆色，妆色的设计必须注意与人物整体色彩关系的协调。

一、化妆色

1.底色

底色即打底的颜色，化妆的底色是指各种粉底色，如粉底霜、粉底液、粉条和遮暇膏等。粉底是妆容的基础，被用于调整肤色、遮盖瑕疵和体现质感或者调整修饰脸型。

底色分为基础色、影色、提亮色三种。

基础色具有调整肤色的基本色调及肤色的均匀度的功用。如过冷无血色的肤色可用偏暖的底色调整，偏黄的不健康的肤色可用暖粉色的底色调整，黯淡的深色肤色可通过明度稍高的底色调整。

影色具有调整面部外轮廓，起到收缩脸型、增强面部立体感的作用。

提亮色具有表现凸起的效用，提亮色与影色配合可增强面部的立体效果。

不同的脸部轮廓，适用于不同的底色和打底技巧（详情见第三章）。

2．眼影色

眼影是眼部化妆的重要用品，有淡棕、棕、绿、蓝、灰、白、紫等多种色彩，有粉质、膏质、液质等不同质地。

眼影的使用是为了表现眼部立体结构，同时也能表现整体的化妆风格及韵味。

化妆眼部时，将眼影涂在眼睛周围，鼻翼两侧，形成阴影，可以使眼睛产生立体感。在眼影中加入适量的金属微粒，可产生金色、银色和幻彩的效果，满足不同妆型和不同肤色的需求。

眼影色彩的选择要综合考虑服饰色、发色、肤色、眼睛色以及眼部特点等诸多因素。通常情况下，眼影色彩应从属于整体形象色彩，眼影与整体形象色彩应该是既对比又统一的关系。根据不同的设计目的和设计对象，眼影色既可以与整体形象色彩同属一个色调，如绿色服饰搭配绿色或冷色眼影，也可以是整体形象色彩主调的相反色调，如白色服饰搭配黑色或彩色眼影（表2–1）。

表2–1 眼影色与服饰配色

眼影色	服饰色
驼色	驼色、棕色、绿色、金色
橘红色	驼色、棕色、绿色、金色
黄色	驼色、棕色、绿色、金色、蓝色
绿色	蓝色、驼色、粉红色、紫色
蓝色	棕色、蓝色、粉红色、驼色
红色	蓝色、棕色、驼色、绿色、
粉色	蓝色、粉红色、紫色
紫色	蓝色、绿色、粉红色、紫色
黑色、白色	每一种颜色均可
灰色	蓝色、粉红色、紫色

3．腮红色

腮红是一种很古老的化妆品，有霜质、粉质及水粉两用等类型。

粉质的腮红适合油性皮肤，能令脸部展现光彩又不乏油光；霜质腮红适合干燥、老化的皮肤，能淡化皱纹；水粉两用腮红任何皮肤都适用。腮红的颜色应表现在脸颊的最高点。选择与口红、眼影相似的腮红色，能表现皮肤的健康红润。

腮红还可帮助修正脸型。针对东方人的平坦面部，应采用外轮廓略深、向内轮廓渐浅的腮红画法，来塑造面部的立体效果。

腮红色的选择应与肤色相协调。皮肤白皙的人用浅桃红色，皮肤偏黄者可选用咖啡色系的腮红等。腮红颜色的选择还应与服装的颜色相匹配，其配色规律如表2–2。

4．唇色

唇色的化妆依赖于口红（唇膏）。口红的色彩可以衬托面部的妆色。

口红的颜色以唇之本色——红色为主色调。口红的色泽分为四大基色，分别为大红、宝红、玫瑰红和赭红。还有一种变色口红，外表颜色为橙黄

表2-2 腮红色与服饰配色

服饰色	腮红色
驼色	驼色、棕色、橘红色、红色
橘红色	驼色、棕色、橘红色
黄色	驼色、棕色
绿色	驼色、棕色、橘红色
蓝色	粉红色、紫色
红色	红色、棕色、驼色、紫色
紫色	深红色、粉红色、紫色
黑色、灰色	红色、粉红色、紫色
白色	每一种颜色均可

色，也有绿色的，因其含有透明感的黄褐色曙红，其色泽随碱度而变化，涂上初期，看不出颜色。由于唇黏膜对酸碱度有调整作用，当它的酸碱度与唇黏膜相同时，便能变成玫瑰红色。

通常情况下，口红的色彩应与所穿的服饰颜色相协调，即淡色服饰应配以颜色柔和的口红，纯度较高的服饰则配以鲜亮色彩的口红。此外，还可以根据肤色选择唇部的化妆色，如脸色偏暖的适用珊瑚红、杏色等口红色，脸色偏冷的适用玫红、粉红、浅粉色等口红色。需要注意的是：脸色偏暗的要避免搭橘色口红，应选用棕色口红；脸色偏黄的要避免黄色系口红，而适宜亮丽的中性色口红。

二、不同色调的妆色

形象色彩设计中，妆色必须与整体形象色彩和谐统一，对于妆色色调的控制便至关重要。实际应用中，以浅色调、深色调、冷色调、暖色调四种色调最为实用。

1. 浅色调妆色

形象色彩设计中有多种对比效果的应用，如色相对比、明度对比、色性对比、纯度对比等。浅色调的妆色是一种弱对比的色彩搭配效果。

浅色调妆色的眉色与肤色、眼睛、唇色等色彩之间的色相关系比较柔和，反差很小。在明暗及纯度对比上也不明显，整体表现为自然型的色调形象，体现出青春、纯洁、干净、自然的色彩效果。

浅色调妆色常用于职业化妆、生活化妆、休闲化妆等场合，可与多种服饰色彩相搭配（图2-10）。

◎ 图2-10 浅色调妆色

2. 深色调妆色

深色调妆色以深暗的肤色、眉色、眼影、唇色等妆效为主，没有固定的化妆模式，颜色的搭配和运用有一定的灵活性。常用于生活化晚妆、影视化妆等场合。

通常情况下，深色调妆色采用立体打底的方式，用深浅粉底色塑造立体感强的脸型，强调结构。额部、鼻子、面颊、下巴的提亮可以使整个脸的立体效果明显。

眼睛作为深色调妆容的重点，可以用深色调眼影衔接眼线，使眼线有厚度、重量感。外眼角的影色与内眼角的提亮可以使面部结构清晰。

嘴唇的轮廓可以用深暗的颜色以强调唇型的立体美感(图2–11)。

◎ 图2–11　深色调妆色

3. 冷色调妆色

冷色调的妆色有青色、蓝色、绿色、蓝紫、紫灰等。但颜色的冷暖不是绝对的，是相互比较而存在的。如玫瑰红和紫红色，与朱红、橙红、大红并列时，就显冷，而与蓝色并列时，又显暖。

冷色调的妆色是相对暖色调而言的。暖色调常常用棕红、砖红等腮红，冷色调多采用玫红的胭脂。眼影的颜色可以与胭脂同色，如玫红、浅玫红，也可以用紫灰色、蓝灰色等。冷色调的唇色一般用玫红色，色泽的深浅根据妆面的需要而定。

由于人的肤色总体属于暖色调，过多使用蓝色、绿色的妆色，将会使脸部色彩之间的关系很不和谐。因此在实际应用中，十分冷的颜色使用的不多。冷色调的化妆常用于生活化晚妆、少女妆、影视化妆等场合(图2–12)。

4. 暖色调妆色

暖色调的妆色以温暖意向的橙红色系为主。暖色调的形象多用于舞台形象造型以及生活晚妆。属于暖色调的棕色调妆色与中国人的肤色十分贴切。

暖色调妆色的眉毛通常用棕色眉笔描画出眉毛的形，然后用眉刷刷匀。

暖色调妆色的眼影色通常用深浅不一的棕色渲染。先用浅棕色在上眼睑部位轻轻地刷染，然后在下眼线的部位略加浅棕色眼影，最后在外眼角处用紫棕色略加点缀，可以使眼睛呈现

◎ 图2-12　冷色调妆色

立体感。

暖色调妆色的唇膏色选择面很广，在棕色调的化妆中，棕红色唇膏会使化妆色彩统一，橙色、朱红的唇膏也可以与之协调(图2-13)。

5. 艳色调妆色

艳色调妆色不同于人体的自然本色，用色鲜艳饱满比较夸张，与鲜艳的形象造型、时尚的创意、个性的服饰相匹配，具有戏剧化效果，适用于时尚晚妆或创意化妆等场合。

艳色调的眉色清晰自然，用在时尚晚妆可作大胆的夸张修饰。

艳色调的眼影色选择多样，眼影的颜色选择因妆型而定，要综合考虑比例、位置、面积等因素的影响。眼影的涂刷晕染，既要强调结构，又要考虑到色彩的装饰性。

鼻梁的两侧用深于肤色的影色修饰，鼻梁上做提亮，颜色要自然，增强立体效果。

◎ 图2-13　暖色调妆色

唇部涂以鲜艳的唇膏或是唇彩烘托妆面，强调唇部质感(图2-14)。

三、影响化妆用色的相关因素

1. 光对妆色有直接的影响

光源主要分两大类：一类以太阳光为代表的自然光源，另一类是以各种灯光为代表的人造光源。由于两种光源不同的组成直接对化妆产生浓淡和色彩的柔和度的影响。比如自然光源的化妆色彩由于光的穿透力很强，把人的面部所有瑕疵都显现出来，因此在化妆品的选择和化妆方法上要特别注意其化妆后的自然与真实的效果。以人造光源进行化妆时，由于其穿透力较弱，人的面部不宜看出反差，可以利用各种手段强调面部结构，大胆运用色彩，即使有些夸张，在灯光的照射下，妆面也不会显得抢眼，从而为宴会妆、表演化妆、模特演出等妆型提供了较大的创造性空间。另外，对于舞台类化妆拍摄还要注意到光源的控制，平面光、漫射光、反光、侧光、顶光、背光的不同使用，对化妆效果有着直接的影响。

需要注意的是，妆面上的黑色、灰色和棕色在各种灯光下，除了色调上显现细微的变化，基本保持不变。

2. 妆色要遵循TPO的设计原则

TPO是TIME(时间)、PLACE(地点)、OCCASION(情况、条件)的缩写，意指场合着装。生活中每个人都要遵循不同时间、不同地点与不同场合的着装与化妆的要求。用适合自己的颜色与无彩色或中性色进行搭配，采用中弱对比搭配效果是适用于多种场合的妆色；如果场合要求体现严谨庄重，一般不采用鲜艳亮丽的颜色，而选择自己所适合的颜色中偏中性或深一些的颜色，并采用中强对比搭配效果。总之，妆色应当按照不同的时间、地点与环境进行化妆色彩的调和。只有根据TPO着装的要求，注意调整选色及配色的原则，才可以在任何时间、地点、场合都会给人以恰如其分的形象展示。

3. 年龄因素对妆色的影响

年龄对女性选用色彩有很大影响。25岁以下皮肤状态好的年轻女性，选色的范围比较大。年长的女性如大量使用不适合的色彩会使皮肤问题凸显，整体形象色彩的协调效果也会较差，因此建议其使用最佳色彩群。

◎ 图2-14　艳色调妆色

4. 发色、肤色等因素对妆色的影响

不同的发色和肤色与妆色有一定的制约性，如脸型偏大的女性妆色应偏暖、偏深、偏重。而脸型偏小的女性妆色宜清淡、偏冷。

5. 个性气质对妆色的影响

个性气质在很大程度上也会影响一个人的妆色。比如具中性气质的女性适合自然理性的自然妆色；而柔美气质的女性应视场合适合浪漫柔媚的妆色。

第四节　发型色彩的搭配

头发是形象设计的重要因素，无论是何种发型，都是仅次于脸部的明显突出部分，对一个人的整体外貌形象起着重要作用。头发的色彩具有烘托人物气质的功效，不同的发色显现不同的性格和感情。在形象色彩设计中，发色与肤色、妆色以及服饰色的关系应当是和谐统一的整体。通常情况下，人的天然发色总是与其自身肤色相得益彰，但通过染发技术选择适合个人色彩的发色，可以更好的显现健康肤色和塑造多变的形象。

一、头发的颜色

自然发色由头皮层中的色素细胞形成，色素细胞产生两类色素：黑色素(黑／褐色)和红黄色素(红／黄色)。任何一种自然发色都是由这两类色素的结合而产生。深色头发的人，黑或褐色色素较多；而白皙肤色的人，则橘红或黄色色素较多，正是这些不同的色素构成了不同发色的色谱。

头发的颜色范围可以从最淡的金色、白色或银色到最深的蓝黑色和黑玉色。与肤色一样，发色范围也从冷色到暖色，并直接影响个人对自己的调色板做出决定。发色有时候由它的底色(离发根最近的颜色)来决定，但多数情况下由它的光亮部分(离发尾最近的较浅颜色)决定的。例如：带金黄色光亮的冷灰棕色头发可能会使头发整体呈现暖色的整体外观。

在染发时，如果头发颜色与自然色不相配，很容易被别人看出不自然。所以发色必须与肤色和谐。假如肤色是偏暖色，那么可以在发色光亮部分染上暖金色或者红色调，如果肤色是偏冷色，则可以染上冷灰棕、深棕或黑色调的颜色。

二、发色与个人色彩的搭配

肤色是决定我们选择染发色彩的重要条件。东方人皮肤的深浅以褐色的多少决定，因此深肤色的东方人适合偏红或橙的发色，若染上太浅的发色，肤色会显得更深；肤色偏黄的东方人适合偏紫红或葡萄红等色系的发色(局部挑染亦可)，因为带冷色系的色彩会让偏黄的肤色更平衡；而肤色偏白的人选择发色的空间较大，可以染深色或黑色的发色与皮肤形成强烈对比，也可以染红、黄等发色来表现整体柔和的感觉。

瞳孔和眉毛的色彩对发色选择也有制约。很多色彩鲜艳的隐形眼镜，可改变以往保守的形象色彩设计，但这种可变性只限于少部分时尚人士。倾向于与瞳色相近的发色，可以突出眼眸的沉静深邃感，整体形象色彩效果简洁优雅。主色调与瞳孔色相反的发色则会彰显眼眸的本色魅力，呈现出神秘、活跃、丰富的整体色彩效果。另外眉毛的颜色与发色之间的色差不能太大。选择发色较为简单方

法是以眼睛、眉毛和肤色三者之间的自然色系为基础，再选择自己喜欢的发色(图2-15)。

对肤色、头发、眼珠颜色的判断在不化妆、不抹油的情况下，观察自己的皮肤、头发和眼珠的颜色。由茶色、黄色、红色融合形成的肤色，会因各种色素成分的差异，而产生微妙的不同，对于不同季节型女性，其适合的发色也不相同。

春季型女性的发色有淡黄色、金黄色、蜜色、草莓色、太妃红和红棕色等，一般不以灰色为基调。随着年龄的增长，头发的色彩往往会加深。

夏季型女性的头发可能是亚麻色，如果是黑色基调的女性头发可能是浅棕色或者是深棕色，以灰色为基调。

秋季型女性在红发的衬托下显得很耀眼，但是随着年龄的增大，头发会变灰。染成暖色调会显得比较高雅。

冬季型女性的发色大部分介于黑色和棕色之间，头发很健康、有光泽。

三、不同的发色与个人色彩的搭配

1. 铜金色发

肤色： 白皙或麦芽肤色，以及微黑的肤色。

妆色： 冷暖色系皆宜，建议尝试透明妆或水果色系。

服色： 纯度高的黑与白、红与黑、明丽的金色与橙色、天蓝色。

2. 浅棕色发

肤色： 白皙或麦芽肤色、古铜肤色者均可。

妆色： 冷暖色系皆宜，建议尝试清爽明快的水果色系。

服色： 浅黄、浅蓝、浅绿色、银色与橙色。

3. 深棕色发

肤色： 适宜任何肤色，肤色白皙者尤佳。

妆色： 自然妆容，冷暖色系皆宜，尤其适宜雅致的灰色系。

服色： 黑色与白色、紫色、藏青色和米色系。(图2-16)。

4. 红色发

肤色： 自然肤色或白皙皮肤以及肤色偏黄者。

妆色： 暖色调的妆容，金色系、红色系、棕色系等较浓郁的色彩。

服色： 黑、白、灰色，火红色、深咖啡色与红棕色。

◎ 图2-15　发色与个人色彩的搭配

◎ 图2-16 铜金色发-浅棕色发-深棕色发

5. 黑色发

肤色： 适宜东方人的任何肤色。

妆色： 自然妆容，冷暖色系皆宜，尤其适宜艳丽的暖色系。

服色： 适宜任何服色，高纯度色尤佳。

6. 白色发

肤色： 适宜任何肤色。

妆色： 自然妆容，冷暖色系皆宜，尤其适宜艳丽的暖色系。

服色： 适宜任何服装色（图2-17）。

四、影响发型用色的相关因素

影响发色的相关因素很多，比如光色和TPO的设计原则，以及个人服饰风格等，而人的个性、气质、年龄等因素对发色的选择至关重要。

如果比较开朗的个性就适合比较鲜明的色彩，如铜红色、红宝石色等色系，但要注意自然色的色度深浅的控制；而比较沉默内向的就适合比较柔和的色彩，如深金咖啡、中檀香、中紫红等色系，让整体有不至太冷酷的感觉；个性比较稳重成熟的就适合比较沉稳但带点柔和的色彩，如自然系中的中褐、中墨绿金等色系。

此外，年龄的差距也是选择发色的因素之一，前卫的年青人或歌星就适合强烈和亮丽的色彩，如蓝绿、浅紫、鲜红或浅金黄等明显的颜色。25~35岁之间的中青年可以加强色彩的光泽度和明亮感，如铜金色、中铜红色等明亮的色系。35~50岁之间可以选择出比较稳重成熟的色彩，如中紫红色、中紫罗兰色等色系。50岁以

◎ 图2-17 红发-黑色发-白色发

上的人适合自然色系为主的发色，也容易将白发漂染。

当然，发型色彩是需要与流行的服饰色彩、化妆色调以及饰物相搭配，所以要应用流行色来进行发色的设计，但发色主色调的选择必须与人物主体色彩相协调，或者与主体呈强烈对比，或与主体同色，或通过深浅色的比较来表现整体色彩的层次感，都可以达到理想化的色彩效果。

肤色是我们决定选择染发色彩的重要条件。东方人皮肤的深浅是以褐色的多少决定，而深肤色的人应选择偏红或橙的色系以调和褐色的重量。但不能使用太浅的颜色，这样会让肤色相比之下显得更深；肤色偏黄的人应选择偏紫红或葡萄红等色系(局部挑染亦可)，因为带冷色系的色彩会让偏黄的肤色更平衡；而肤色偏白的人选择色彩的空间比较大，可以选择深或黑的色彩来表现深、浅的强烈对比，也可以红、黄等色系来表现柔和的感觉，总之以白或浅为底色，最能表现其他色彩的亮度。

眼睛与眉毛也会引发色的协调感，当眼球是深褐色时，发色选择的色彩就不能太浅，否则会呈现太强烈的对比感，而中褐色或浅渴色的眼球就可选择比较浅的色系。然而很多色彩鲜艳的隐形眼镜，可改变以往保守的设计空间，当然这种可变性只是少部分时尚人士采用。另外眉毛的颜色也可随着个人的喜好和妆色需要而改变，只是需要注意眉毛颜色与发色之间的色差不能太大。选择发色较为简单方法是以眼睛、眉毛和肤色三者之间的自然色系为基础，再选择自己喜好的颜色（如图2-18）。

◎ 图2-18　不同个性、气质、年龄发色的选择

第五节　整体形象色彩的搭配

形象色彩设计是以人为主体的设计，以实现人整体形象色彩的和谐统一为目的。形象色彩语言的组织，需要多种因素的相互作用，才能达到合理的视觉效果，组成和谐的色彩节奏。在多种因素的组成和相互协调的过程中，不同色彩明度、色相和纯度的组合可以营造出不同的色彩效果。

◎ 图2-21　黄色系形象

◎ 图2-22　绿色系形象

风格的浅蓝、天蓝以及表现英国皇室贵族气质的品蓝等。蓝色属于冷色系范畴，具有冷静、忧郁、孤独等感觉。通常偏爱蓝色的人性格自由奔放、充满活力、富有创造力，讲究逻辑思维和现实主义。

在服装领域，蓝色作为明亮色的代表被普遍运用在夏季服装上，疗养服也使用蓝色。如果蓝色和白色搭配的话，个人形象将会显得更加清爽。深蓝色正装可以有效地塑造出端庄、干练的都市形象。

在化妆领域，蓝色基本在夏天使用，而且主要以单个的蓝色进行点缀，从而营造出休闲的妆容。蓝色和深蓝色一起使用时，妆容会充满现代感（图2-23）。

紫色系的形象：紫色色系中的淡紫色和紫罗兰色一直是贵族气质和神秘形象的代表色。紫色使人联想起葡萄、薰衣草等具体事物。一方面，紫色给人带来神秘、优雅、华丽、高尚等感觉；另一方面，紫色又给人以孤独、悲伤、烦躁的感觉。此外，紫色还能表现出敏锐的艺术感。偏爱紫色的人具有热情、浪漫的性格。

在服装领域，紫色可以表现出性感之美。穿着紫色礼服可以表现女性优雅高贵的形象。

在化妆领域，紫色适合于为参加派对和其他华丽场合而进行的妆扮，主要适用于礼服。为塑造优雅、成熟的形象，妆色多运用紫色（图2-24）。

棕色系的形象：棕色系包括米色、象牙色和赭石色等，这些颜色给人以充满安定感和精明干练的形象。棕色给人带来朴素、保守和沉着的感觉。

在服装领域，利用综色拥有的朴素之感可以塑造忠厚的形象，但缺乏生动感。如果与黑色或一些鲜明色彩搭配进行装饰，便能增添朝气和活动。

在化妆领域，棕色常与黄色、橙色共同作为修饰性颜色，可以营造雅致的妆效。棕色与白色一同使用时，可以塑造出富有现代感的妆容（图2-25）。

◎ 图2-23　蓝色系形象

◎ 图2-24 紫色系形象

◎ 图2-25 棕色系形象

2. 两色搭配的设计效果

两色搭配包括邻近色搭配、类似色搭配、中差色搭配、对比色搭配、补色搭配等。两色搭配的形象设计突出的是对比的效果。两色塑造的形象简洁而不单调，是烘托人物气质的最佳方法之一。

在两色构成的形象色彩中，不同色相的相互映衬容易形成冷暖对比色调，不同明度的对比可以营造出种种不同的心理感觉，不同纯度的对比则构成了鲜与灰的对比效果。

邻近色与类似色的搭配比较含蓄，在整体和谐中蕴涵着变化，中差色、对比色和互补色的搭配组合有较强的冷暖感、膨胀感、前进感或收缩感。

两色搭配的形象色彩设计具有广泛的适用性，是最常采用的服饰色彩搭配方法，通常以其中一个色彩作为主色调，另一个色彩以装饰性的色彩出现。

在化妆领域，利用两色对比关系调整五官的立体感，可以营造出富有民族感的妆容（图2-26）。

3. 多色搭配的设计效果

在多色搭配中，首先要确定主色与过渡色的关系，主色是固定不变的大面积单色，与其他各色之间联系少，显示出一种凝固的感觉。过渡色以点、线、面的局部状态存在，显示出一种流动的感觉。

多色的配色采用简化构成法来选定颜色与色调，效果既统一又有变化，从而形成多色配色的各种节奏对比调和技法。

在服装领域，多色搭配符合了当代时装“混搭”的潮流。体现了精致的现代生活、时尚舞台以及丰富多彩的波西米亚风格。

在化妆领域，多色搭配的化妆效果多见于T台造型、时尚创意妆、广告创意等场合。多色搭配可以营造出富有视觉冲击力的形象（图2-27）。

4. 强调明度对比的设计效果

以明度为主的色彩搭配可分为明度差大的色彩之间的搭配，即明色与暗色的配色方法，产生

◎ 图2-26　两色搭配

◎ 图2-27　多色配色

一种鲜明、醒目、热烈之感，给人以一种丰富的现代节奏感。例如黑与白、深紫与淡蓝等组合。明度变化在配色中的效果常与人的心理联想产生感觉，如宁静、活泼、轻盈、厚重、柔软、挺爽等。

在服装领域，职业场合、半职业场合较为适用。中明度差的色彩组合明快、柔和、自然，给人以舒适的轻快感，所以被广泛运用在舒适型的休闲服上。

在化妆领域，可以充分利用明度的对比关系调整面部的立体感。高明度色彩搭配可塑造出清爽、浪漫的妆容。低明度的色彩搭配可以营造出富有现代感形象的妆容（图2-28）。

◎ 图2-28　强调明度对比

5. 强调纯度对比的设计效果

以纯度为主的色彩搭配给人以艳丽、生动、活泼、刺激等不同感受。例如鲜艳色与黑白灰、鲜艳色与淡色、鲜艳色与中间色等组合。

在服装领域，时尚前卫形象多采用强调纯度的色彩搭配，给人以饱满、洒脱的感觉。

在化妆领域，自然色调的日常化妆和职场化妆多以低纯度的中性色调为主，而舞台化妆多以高纯度色调为主（图2–29）。

◎ 图2–29　强调纯度对比

6. 强调冷暖对比的设计效果

根据色彩给人的冷暖感觉，可分为暖色调的强对比、中对比、弱对比；冷色调的强对比、中对比、弱对比。总体来说，暖色调给人热情、华丽、甜美、外向感；冷色调给人一种冷静、朴素、理智、内向感。

在服装领域，冷色正装可以有效地塑造出端庄、干练的都市形象。暖色正装，搭配连身裙或饰品，可以展现出亲切的、柔美的形象。

在化妆领域，冷色妆容充满现代感形象，而暖色妆给人以妩媚、娴淑之感（图2–30）。

二、无彩色系的设计效果

黑、白、灰等无彩色系的组合是服装中最为单纯、永恒的色彩，有着合乎时宜、耐人寻味的特色。如果灵活巧妙地运用能够获得较好的配色效果。黑白配色具有鲜明、醒目感，灰色调有雅致、柔和、含蓄感。而无彩色系的弱对比则给人朦胧、虚无、沉重感（图2–31）。

1. 黑色系的形象

黑色具有深沉、含蓄、悲哀、黑暗、恐惧、死亡、权威、虚无等抽象的感觉。

在服装领域，虽然黑色的象征意义中有较多的不祥内容，但仍然无法阻挡黑色在服装中的大量应用。佩带黑色饰品能起到突出表现的效果。黑色与其他颜色搭配可以表现出较鲜明、强烈的形象。作为正装的经典色，黑色能表现出沉稳、严肃的形象。

因此在设计上要综合考虑各方面的因素，尤

◎ 图2-30　冷暖对比

◎ 图2-31　无彩色系配色

为注重黑色服装的材质的选择与搭配。选择好款式、面料、饰品，突出亮点和变化，做到“黑而不暗，雅而不素。”

在化妆领域，穿着黑色服装是极需要强调化妆加以调整肤色的，由于黑色服装有深沉感，所以妆色不宜过淡，最好以鲜色系、亮色系为主，这样才可能避免产生病容的感觉。使用化妆品色彩时，粉底宜用较深的红色，胭脂用暗红色，眼影可以选用任何颜色(如蓝、绿、咖啡、银色等)，眼睛需有分明立体明亮感的化妆，口红宜用鲜冷红或暖红色（图2–32）。

2. 白色系的形象

白色具有纯净、高贵、神圣、洁白等感觉，是洁净和纯洁的代表，有表达和平之意。

◎ 图2–32 黑色系形象

在服装领域，白色是服装色彩中应用率最高的颜色。能塑造出梦幻般浪漫的形象，常用于婚纱礼服的设计。白色种类繁多，表情丰富，比如米白色，象牙白或珍珠白等。粉笔白不透明，蛋壳白半透明，锌白则透出淡淡的金属光泽。白色服装配戴金属的配件，显得高洁雅致。白色服装如搭配白鞋时，包袋和其他配饰可选用其他色，如粉红、蓝、黑等色，大面积白色中点缀小面积其他色彩，会显得出众别致。

在化妆领域，当穿着白色服装时，应该采用深色的粉底打底，同样的，胭脂的颜色也要比一般较深才好。使脸部肤色不致因为服装的白色调而显得过分苍白。晚间穿白色衣服时，化妆色要比穿别类颜色衣服时稍淡一点，以免在灯光下，脸色显暗，而与白色衣服造成强烈对比，反而不美（图2–33）。

3. 灰色系的形象

灰色对眼睛刺激适中，视认性及注目性较弱。灰色的不同明度造成积极或消极的感觉，高明度灰色与白色的性格相近；低明度灰色与黑色的性格相近。中性的灰色（黑色与白色调和形成的灰色）与黑、白相同有着文静、高雅的气质，但有时大面积的中性灰也会给人冷漠、平淡甚至颓丧的感觉。

炭灰色古典优雅；银灰色弥漫着现代气息；珍珠灰、烟灰等色彩使灰色织物显得质地精致。简洁的款式、考究的材质、精良的做工，精美的细节，则更充分地显示出灰色服装的高雅品味。

在化妆领域，当穿着灰色服装时，应该采用自然色、象牙色的粉底打底，胭脂的颜色一般较为明显，使脸部肤色不致因为服装的灰色调而显得没有气色感（如图2–34）。

三、无彩色结合有彩色的设计效果

有彩色和无彩色在配色上能产生较好的效果，

◎ 图2-33 白色系形象

◎ 图 2-34 灰色系形象

这是由于它们之间的相互强调与对比，使它们成为矛盾的同一体，既醒目又和谐。通常情况下，高纯度色与无彩色配色，色感跳跃、鲜明，表现出灵活动感；中纯度与无彩色配色表现出的色感较柔和、轻快，突出沉静的个性；低纯度与无彩色配色体现了沉着、文静的色感效果（图2-35）。

◎ 图2-35　无彩色与有彩色配色

四、金、银色的配色效果

金色，是一种最辉煌的光泽色，更是大自然中至高无上的纯色，它是太阳的颜色，它代表着温暖与幸福，也拥有照耀人间、光芒四射的魅力。自古以来，黄金的价值赋予金色以满足、奢侈、装饰、华丽、高贵、炫耀、神圣、名誉及忠诚等象征意义。

金色配中咖啡色、白色，银色配金色，另外杏黄色、驼色也是与金色十分合谐的搭配。驼色与咖啡色可以给人以沉稳、平静、纯朴的感觉，它们会中和金色的强烈气氛，在做配色选择时，可以用宝蓝色与金色搭配。

另外，金色与纯正的黑色相搭配，使着装者显得高贵而神秘，紫色与金色搭配能彰显出低调奢华的美感。

银色象征着洞察力、灵感、星际力量、直觉。

银色是沉稳之色，代表高尚、尊贵、圣洁、永恒。银色在西方奇幻中常被作为祭祀的象征，也有代表神秘的意义。银色是时尚色调，中间色的一种，容易搭配。

在服装领域的搭配，尤其要注意主体者的肤色、气质特征。金、银色的服饰往往被运用到庆典时的礼服或聚会中的晚装中，使穿着者成为众人注视的焦点。在服饰方面亮丽的金、银色的点缀越趋流行，但金、银色抢眼属于膨胀色，容易将着装者的优点和缺点都放大出来。

在化妆领域里金、银色妆容充满现代感与时尚感，在T台展示中可以收到强烈的视觉效果（图2-36）。

信息社会中，形象色彩设计在越来越多的领域里发挥着日益重要的作用，形象色彩已然成为个人身份、地位、职业、气质、修养的符号性标志。形象色彩设计师只有具备深厚的文化艺术修养和审美意识，掌握一定的心理学知识、熟悉形象色彩设计制作的基本原理、了解形象色彩与人协调的美学原则，才能塑造出理想的个人形象。

◎ 图 2-36　金、银色的配色

第六节　形象色彩设计的相关因素

一、个人色彩与年龄

年龄对女性选用色彩是有很大影响的。在进行个人形象色彩设计的过程中还要考虑个人色彩与年龄，应结合年龄给出适宜的用色指导。年轻的女性在运用自己的形象色彩设计规律时，可多结合当季和当年的流行时尚进行装扮，同时身材较好的年轻女性随着TPO的变化，可以在适合自己的服饰风格规律上增加自己服装的多样性。年纪偏大的女性在运用属于自己的服饰风格规律时则较为注重实用性。

对于25岁以下皮肤状态特别好的年轻人来说，年轻的皮肤状态决定了选色的范围可适当放宽。因此，除最佳色彩群以外，其他一些本人的嗜好色和流行色都可能会有一定的适用度。

青年人对色彩要求鲜艳、明快、活泼、对比强，以适应他们单纯、直观、活泼的心理要求（图2-37）。

对于年长的女性来说，皮肤状态会失去应有的光泽感和滋润感，这时如大量使用不适合的色彩会使皮肤问题凸显，全身的协调效果也会较差，因此应建议多使用最佳色彩群。

中年人对色彩要求漂亮而引人注目，要柔和含蓄、鲜明而不俗气、高雅而又大方。老年人对色彩的要求是稳重、含蓄、漂亮、高雅。

二、个人色彩与身材

身材是一个人装扮的载体部分。除非身材条件极佳，一般不能仅凭对身材的印象决定一个人的风格定位。当身材特点完全吻合服饰风格规律

◎ 图2-37 青年人的个人色彩形象

时，就可直接采用对象所适合的风格类型中最典型的服装裁剪方式、质地和图案等。当身材不完全符合标准的风格规律时可适当按身材调整服装的裁剪方式、质地和图案。一般来说在身材不高的情况下，脸部“型”特征约占诊断依据的70%。身材“型”特征约占20%，性格特征约占10%。随着身材的增高身材因素的依据比例会逐渐增大。换言之，身材越高、越好的人对服饰风格的驾驭能力越高。

就像脸盘小、身材高的模特或演员能驾驭很多的颜色一样，体型越好、身材越高的女性驾驭多种甚至不符合自身色彩属性的颜色的可能性越大。身材越高，人们对其身材的关注度越高，对面部的关注程度越下降。也就是为什么通常欧美女性比亚洲女性驾驭色彩的能力偏强的原因。相反，身材不好或不高挑的女性越应该注意使用自己合适的颜色。

人的体型有胖、瘦、高、矮等区分，四肢、颈部、腰部有长、短、粗、细之别，肩部有宽有窄，胸部与臀部有大有小，脸型则有申、国、目、甲、风、田、由等类型，人的体貌特征体现在人身体每一部位的具体比例都不同，但通过不同明度和纯度的色彩搭配组合，借助色彩的视错觉可以塑造出一个主体形象的理想指标。

形象色彩在实际应用时，首先应注意膨胀与收缩的视觉感受。在适合一个人的色彩群中，有膨胀色，也有收缩色，合理地使用色彩修正弱点或强调优点，依赖于人体与色彩诸要素之间既对比又统一的整体和谐关系。

一般情况下，暖色以及明度与纯度较高的色彩具有膨胀感，冷色以及纯度较低的色彩具有收缩感。

(1)形象色彩对形体的修饰方法

肥胖体型宜选用富于收缩感的深色、冷色，竖色条纹也能使胖体型直向拉长，以塑造苗条形象，若穿用浅淡色调，脸部的阴影很淡，会夸张肥胖感。

瘦削体型的形象色彩宜选用淡色、暖色，以产生放大感，横色条纹也能使瘦体型横向舒展，增加丰满感。若选用清冷的蓝绿色调或高明度的明暖色，容易显得单薄弱不禁风。

高大体型的形象色彩不宜选用浅且鲜艳的服饰和大花格图案，应选用小花隐纹的单色深暗面料，可以避免扩张感。

瘦小体型服饰色调以温和为佳，上装与下装的颜色要相近搭配，忌讳上下装颜色反差过大。此外，体型矮小的人的上下装色彩适宜采用深浅不同或花色不同的颜色，通常上衣颜色浅于下装，引导视线上下移动，可以产生增高的感觉，如果上下装均为深暗色调，需要高明度或高纯度的发饰、发色、衬衣、丝巾等来调节，引导人视线上升。

臀大腿粗的体型，上装宜采用高明度色调，下装与袜子用暗色调的简单款式，上下对照可以突出上装，掩饰体型缺陷。

臀小腿细的体型，应避免深色面料的紧身裙或裤服饰，选用色彩素浅、式样宽松的长裤或褶裙可显下肢丰满。

腿短体型的上装色彩和图案应比下装华丽显眼，选择统一色调的套装，也可以增加高度。不宜穿色彩相差很大的上下装，以免将上身与下身截然分开，从而看上去显得更短，全身服饰色彩应力求统一、谐调。

粗腰体型，束一条与衣服同色或近色的细腰带，会产生细腰效果。

窄肩体型，上装宜用浅色横条纹衣料，增加宽度感，下装宜用偏深的颜色，更加衬托出肩部的厚实感。

胸部过小或无胸的女性，应选用质地轻薄、飘垂和宽松的上衣，色调宜淡不宜深、宜暖不宜冷。上装用鲜艳色调、轻松色调的图案来装饰，可使胸部显得丰满。

胸部过大或丰满的女性，宜穿宽松式上装和深色、冷色而单一的色彩。上装款式不宜繁复，以避免视觉停留。

肩部太宽的女性，可采用深色、冷色且单一的色彩，以使肩部显窄些。不宜使用加垫肩的服饰，不宜使用横条面料。

脚过大的女性应尽量选择与服饰色彩相近的鞋袜，不宜穿用白色鞋袜。

（2）不同体型的形象色彩设计

X形体型人

作为匀称的体型，其特征是以细腰平稳上下身，胸与臀几近等宽，身体各部分的长短、粗细合乎比例，人体曲线优美，具有协调和谐美感。标准体型可以尝试多种形象色彩，可以塑造出多面形象，但也应考虑形象色彩与肤色、时间、场合的协调性，要注重色彩与服装款式与饰品的整体协调，注意上下装色彩的组合搭配。

V形体型人

这是标准、健美的男性体型。强调倒三角形的形象色彩设计，可显示男士的潇洒、健美风度。

对女性而言，肩宽、胸大、上身沉重，会使人显得矮小丰满，令臀部与大腿相形见瘦。服饰上衣不宜选择艳色、暖色或亮色，应避免胸部的绣花、贴袋之类色彩装饰。选用暗灰色调或冷色调，可令上身显小，若利用饰物色彩强调来表现腰、臀和腿，也可避免别人的注意力集中到上部。

A形体型人

这种体型一般是小胸或胸部较平或乳部较上，肩窄，腰细，有的腹部突出，臀肥，大腿粗壮。这种体型可采用较强烈的细节色彩，将人们的视线引向腰以上的部位，使之显苗条。用深暗、单一色调的长裙配色彩明亮、鲜艳的有膨胀感的上衣，能达到收缩臀部而扩大胸部的视错效果。

H形体型人

这种体形上下一般粗，腰身线条起伏不明显，整体缺曲线变化。着装可以通过颈围、臀部和下摆线上的色彩细节来转移对腰线注意的视线。采用色彩对比较强的直向条纹的连衣裙，再加一根深色宽皮带，能消除没有腰身的感觉。

在H形体型的人中，肥胖型的人胸围、腰围、臀围都较大，因而服饰长度也应当相应增加。全身细长的服饰色彩可以改变此体型肥胖笨拙的视觉体态。需要注意的是：腰线必须避免跳跃、强烈的色彩。

综上所述，人的自然形体条件对形象色彩具

有一定的制约性，是不可改变的，但形象色彩设计可以通过补偿、强化、塑造三种手段改善人的自然形象，从而塑造出富有生命力的完美形象。其他影响形象色彩的因素如发色和肤色以及瞳孔色等，同样可以通过恰当的色彩搭配进行修饰，以达到扬长避短的效果，详见第三章。

三、个人色彩与性格

每个人受家庭背景、教育程度、社会环境的影响，成年以后会形成相对固定的性格，有人外向，有人内向；有人持重严谨、有人平和恬淡；有人爱憎分明，友人宽容随和等。

性格外向、理性严谨的人适合使用对比搭配。而性格内向、平和恬谈的人适合使用渐变搭配。不同性格的人选择服装时应注意性格与色彩的协调。性格开朗的人，宜穿白色或暖色系的高明度、低彩度的服装，不适宜穿黑色和冷色系的低明度、低彩度的服装；性格温和的人，适宜穿柔和而彩度较低、中明度的服装，却不宜穿高明度、高彩度的服装；理智的人，适宜选用柔和的冷色或黑色、白色，不宜选用温暖而强烈的色。

有时有意识地变换一下色彩也有掩短扬长之效，如过分好动的女性，可借助蓝色调或茶色调的服饰，增添文静的气质；而性格内向、沉默寡言、不善社交的女性，可试穿粉色、浅色调的服装，以增加活泼、亲切的韵味，而明度太低的深色服装会加重其沉重与不可亲近之感（图2-38）。

四、个人色彩与个人服饰之间的关系

在形象设计理论中，通常所说的人体是由“色、形、材”构成的，用于装饰人的服饰元素也是由“色、形、材”构成的。

“色”是指肤色、眼色、发色、唇色、齿色、妆色、服装色、配饰色和它们之间的搭配状态。

“形”指形状。是视觉的第二个捕捉物。它指你的身体本身和身体上所穿用的所有东西的轮廓、量感和比例带给人的视觉感受。修长或臃肿，小巧或硕大，女人味或男人味等，在很大程度上由“形”表达出来。它决定你是一个风格一致的人，还是个线条紊乱而没有风格指向的人。

“材”指材质，或叫质地。既指你的肤质、发质，也指装饰元素的质地。质地的表现，与你想诠

◎ 图2-38　个人色彩与性格

释的信息有关。裁剪一模一样的上装，是粗棉、雪纺，还是羊绒、皮草，给人的信息截然不同。

服饰色彩在服饰搭配中起着先声夺人的作用，它以其无可替代的性质和特性，传达着不同的色彩语言，释放着不同的色彩情感，同时也起着传情达意的交流作用。服装色彩语言的组织，需要多种因素的相互作用，才能达到合理的视觉效果，组成和谐的色彩节奏。

在所有的着装配色技巧中，最简便也是最稳当的方法就是单色配色。由于是同一色相，搭配时色彩易给人以一种温和安静感。如果色彩明度、纯度变化不大，则显得沉闷单调，但是明度、纯度拉开层次，即可使色彩产生明快丰富的感觉。以明度为主的色彩搭配可分为明度差大的色彩之间的搭配，即明色与暗色的配色方法，产生一种鲜明、醒目、热烈之感，给人以一种丰富的现代节奏感。

在多色配色中，首先要确定主色与过渡色的关系，也称“固”与“流”的关系。“固”指大面积单色的冷抽象状态，各色之间联系少，各自固守一方，显示出一种凝固的感觉。“流”指以点、线、面的热抽象状态，显示出一种流动的感觉。

以黑、白、灰等无彩色系的组合，它们是服装中最为单纯、永恒的色彩，有着合乎时宜、耐人寻味的特色。如果能灵活巧妙地运用组合能够获得较好的配色效果；无彩色配色具有鲜明、醒目感；中灰色调的中度对比，配色效果有雅致、柔和、含蓄感；而灰色调的弱对比给人一种朦胧、沉重感。

有彩色和无彩色在配色上能产生较好的效果，这是由于它们之间的相互强调与对比，使它们成为矛盾的同一体，既醒目又和谐。通常情况下，高纯度色与无彩色配色，色感跳跃、鲜明，表现出灵活动感；中纯度与无彩色配色表现出的色感较柔和、轻快，突出沉静的个性；低纯度与无彩色配色体现了沉着、文静的色感效果。

根据色彩给人的冷暖感觉，可分为暖色调的强对比、中对比、弱对比；冷色调的强对比、中对比、弱对比。总体来说，暖色调给人热情、华丽、甜美、外向感；冷色调给人一种冷静、朴素、理智、内向感。

服装款式“形”的基本组成要素为领、袖、衣片、裙、裤等。配饰的基本组成的要素包、鞋，饰品如项链、眼镜、腰带、领带、帽子等。

服装款式的“形”也有轮廓、量感和比例组成。服装款式的轮廓分为直线性、曲线型和中间型。服装款式的量感分为量感大、量感小和中间型。服装轮廓的直曲以及量感的大小是由服装基本组成要素的轮廓的直与曲、量感的大与小综合表达出来的。

配饰的轮廓“形”分为直线型、曲线型和中间型。配饰的直、曲是按饰物的外轮廓线的直、曲来区分的。方正的并且有硬质感的鞋为直线型；有圆润感的鞋为曲线型。方正的棱角分明的包为直线型；圆润的有曲线弧度的包为曲线型。直线感强的带有棱角的几何形状的饰品为直线型；带有曲线感的柔和、优雅和饰品为曲线型。

配饰的量感与比例：量感大的配饰呈现夸张、醒目的状态；量感小的配饰呈现小巧、玲珑的状态。

服装材质是服饰搭配的重要组成部分，是服装色彩、服装图案的载体，在服装的整体氛围表达中起着重要作用。服装材质的轮廓相对硬挺，不易起皱的服装面料较适合直线型人，相对光滑细软的服装面料较适合曲线型人。服装材质的量感相对挺括有厚实感，纹路粗犷的服装面料较适合量感大的人。相对轻薄柔软、有飘逸感的服装面料较适合量感小的人。

在衡量轮廓和量感上服装材质和服装图案经常要联系在一起综合考虑。服装图案的轮廓呈现条纹，方格等有棱角的几何类图案较适合直线型人；呈现圆点、花朵等柔和的流线型图案较适合曲线型人。服装图案的量感对比以大花朵、大格纹类的图案量感大。小花朵、小格纹、活泼类的图案量感小（图2–39）。

◎ 图2-39 个人色彩与个人服饰之间的关系

五、个人色彩与其他装饰手段之间的关系

化妆、染发等装饰手段本身并不能改变以肤色为主的人体特征。正确的程序是化妆染发的用色应以肤色适用的颜色为依据。如果想驾驭很多原本并不适合的颜色，必须通过粉底或者修颜液将肤色全部调整至与想要驾驭的颜色基调一致的肤色，再通过彩妆和染发的调整，与欲选用的颜色协调。但此点的关键之处在于化妆技巧和其他装扮能力的高低，详见第五章。

六、个人色彩与TPO之间的关系

TPO是TIME（时间）、PLACE（地点）、OCCASION（情况、条件）的缩写，意指场合着装。生活中的每一天人们都会面临各种场合，因此，每位女性都会有着关于场合着装的需要。如果场合要求体现时尚干练，那么一般会用适合自己的颜色与无彩色或中性色进行搭配，采用中弱对比搭配效果；如果场合要求体现严谨庄重，那么一般不采用鲜艳亮丽的颜色，而应选择自己所适合的颜色中偏中性或深一些的颜色，并采用中强对比搭配效果。

野外活动或体育比赛时，服装的颜色应鲜艳一点，给人以热烈、振奋的美感。正规会议或业务谈判时，服装的颜色则以庄重、素雅的色调为佳，可显得精明能干而又不失稳重矜持，与周围工作环境和气氛相适应。休闲时，服装的颜色可以轻松活泼一些，式样则宽大随便些，可增加温馨感。

总之，必须根据TPO着装的要求，注意调整选色及配色的原则，才能真正成为在任何时间、地点、场合都会给人以恰如其分的整体形象印象（图2-40）。

七、个人色彩与居住地域之间的关系

自然环境作为一种客观存在，不受人主观意愿制约，因此人们在进行形象色彩设计时只能自觉地与既定时空环境相协调或者对比。不同地域、不同季节的人们对妆色、服色的习惯性用色差异体现了地理环境、气候环境等因素对人们视觉、感觉、表达的影响。例如在温带和亚热带地区，人们就习惯用低明度色系作为冬季服装用色，以高明度的冷色系作为夏季服色的主调，春秋两季则习惯选

◎ 图2-40　不同场合的着装色彩

用中明度的灰色调服饰，这分明体现了人对不同季节光热量的不同需求，为适应环境，选用不同明度的服装色彩可以对光进行吸收或反射。

当今社会，服饰文化与人类行为活动息息相关，服饰文化对人类社会的影响已经越来越大，地域性服饰文化作为地域性文化的一类具有典型的代表性。在其影响下，世界各地不同种族的服饰形象表达了人们不同的情感和审美情趣，不同地域表现了各具特色的服装形式。另外，地域性文化影响下的服装还清晰映衬出穿着者的角色符号特征，传达了穿着者心中的特定意念。如今，服装的消费理念已经越来越倾向于个性化、风格化和时尚化，讲究有特色的形象和独特的文化气息将在今后的服装消费中表现得更加突出和鲜明（图2-41）。

中国土地辽阔，南有炎热的海南岛，北有寒冷的黑龙江，需要根据人们的居住地域的地理位置和气候情况来调整色彩实用范围。一个明显的原则就是，对于居住于炎热地域的人来讲，

◎ 图2-41　不同居住地域各具特色的服装形式

色彩的明度和纯度都应相应地向高调调整；反之，虽然并不主张居住于寒冷地域的人穿深色，但强调色彩的明度应向低调调整会是相对实用性较强的。

八、形象设计与流行色之间的关系

流行色作为一种趋势和走向，流行快而周期短，体现了与时俱变的特性。今年的流行色明年不一定还是流行色，其中有可能有一二种又被其他颜色所替代。流行色是相对常用色而言的，流行色与常用色相互依存、互相补充。常用色有时上升为流行色，流行色经人们使用后也会成为常用色。例如，今年是常用色，到明年又有可能成为流行色，它有一个循环的周期，但又不是同时发生变化，这是因为不同的国家、地区和民族都有自己的色彩传统和色彩习惯，每个人又有着不同的色彩嗜好或偏爱。这些传统、习俗和嗜好都会在形象色彩上有所反映。

一般而言，形象的基本色在形象色彩中所占的比重较大，而流行色所占的比重较小，所以每年制下一个年度的流行色时，常常是选用一二种流行色与形象色彩的基本色一起搭配，这样可以使形象色彩的颜色兼顾自我与流行风尚两者的关系。

我们每年都从国际流行色协会、中国流行色协会、国际羊毛局以及其他一些大机构、大组织得到关于未来的流行色彩的信息，这些色彩既然是预测的，其准确与否对设计、生产、经营者而言都是至关重要的问题。为确保所发布的色彩信息有一定的准确性，流行色机构必须进行大量细致的调查研究。参与研究的人员有色彩专家、设计师、工业、商业等各方人士，他们调查人们日常生活中喜爱的色彩，调查什么色彩适合营销，研究人们的心理状态，研究各种社会事件对人们审美心理产生的影响，在综合各种因素之后，根据近期内详尽确切的销售统计数字以及市场动态、世界各地近期发生的重大事件及其对人们心理的影响状况，并针对国际上历年色彩的流行情况及发展趋向、各国各地区消费者的风俗习惯及色彩喜恶状况等，确立流行色的方案，每年两次发布后两年的流行色。

具体到每次发布的流行色卡，一般都有几十种色，分别归属于不同的流行色调。

时髦色调的色组包括即将流行的色彩、正在流行的色彩、即将过时的色彩。

点缀色调的色组通常是时髦色的补色色相，纯度相对较高。

基础色调与常用色调则以各种无彩色与含灰色调为主。

当然，流行色的预测和发布应该说还不是最终的结果，关键还要看是否为大众接受，是否能够形成流行以及流行的范围如何等。因而各流行色机构在对一届流行色发布之后都还要进行结果检验。检验方式仍然是社会调查，这些调查结果用来检验流行色预测的准确程度，用来作为下一届流行趋势预测的主要依据。

流行色具有普及性、时代性、社会性、民族性、季节性、演变性、周期性等特点。对流行色的意义和性质的把握，可以更好的把握形象色彩设计，并可以在时尚舞台上推动流行文化的发展。因此形象色彩对流行色的关注和应用具有重要意义，形象色彩设计传递了人们的情感信息和商业信息，可以为相关的化妆品、美容产业以及服饰产业等带来巨大的经济效益。因此，对流行色规律的把握成为一个十分重要的课题。

首先，流行色具有明显的周期特征。国内外流行色演变的周期一般分始发期、上升期、高潮期、消退期四个阶段，其中高潮期大约1~2年，整个周期大概持续五5~7年。但是，不同国家地区的经济发展水平与社会购买力的不同，对色彩审美的需求也不同，因此流行色在不同国家的流行周期长短也有所区别。通常情况下，发达国家的流行色周期变化速度较快，发展中国家则相对缓慢。

其次，在全球化与大众传媒的推动之下，流

第三章　头部形象设计

第一节　面部化妆

化妆是一种展示美丽的方法。人们会对与生俱来的容貌进行修正、维护和打理，从而展示个性扬长避短。

通常良好的妆容有助于顺利你的职业和进行社会活动以及培养人际关系，妆容要符合TPO原则，以塑造良好的形象。

当人类早期日常生活处于裸体状态时，就在人身体上进行彩绘（painting）或留下疤痕（scar）来达到装饰目的。谈到身上刺花纹，人们通常会先想到纹身（tatto）。但是在古代，它是指人体上所留下的疤痕。无论男女，这是他们向别人展示自己外貌美丽的手段。

人类追求美丽的本能通过化妆表现出来。这一点在当今世界颇受关注，其必要性得到强调。随后，对化妆品和化妆技巧的认识成为展示美丽形象的基础工作。

一、化妆品的种类

因为受到诸如炎热、灰尘、细菌、紫外线等外部因素的影响，脸部肌肤比其他任何部位的皮肤更容易产生过敏反应。为了最大限度地防止皮肤遭到伤害，维护皮肤清洁，给皮肤提供充足的水分和油分，塑造健康的中性皮肤，需要使用一些基础护肤品。另外，为了塑造漂亮的外貌，展示个性、美丽、身份和形象，也有必要使用一些彩妆的产品。此外，还有香水以及维护毛发健康的头发护理产品。总之，从头到脚使用的、以健康和美丽为目的的全部产品都称之为化妆品。

彩妆产品包括底霜、粉底液和粉等。底霜和粉底液可以均匀、提亮肤色，有的产品还具有防紫外线功能，而粉可以延长皮肤的油分和粉底液的持续力。另外，用于眼部的彩妆产品包括眉笔、眼影、眼线笔以及睫毛膏等；用于嘴部的彩妆产品包括口红、润唇膏、唇彩等。最后，还包括增添皮肤血色的胭脂类产品。不仅如此，还有各种功能的彩妆产品在不断问世。

二、脸型与化妆技巧

就美学观点而言，脸部在人体美学上占有重要的位置。其实人的脸是没有严格的美学标准可遵循的。由于时代、民族、国度及文化素养的不同，“美人”的标准也就不同。例如，墨西哥人崇尚窄窄的额头，西班牙人喜欢消瘦娇小的身材，古埃及人则把大眼睛作为美人的标准。而中国人则把容貌瑞丽、肌肤细腻看作是“美”的标准。

随着社会生活的变化，现代美人的标准也贴上了时代的标签，人们更倾向于崇尚轮廓分明的五官，崇尚线条流畅、带有英姿的现代气息。化妆是一种富于创造的造型艺术，也是一种能够利用人类视觉错觉的容貌改变术。要求根据不同对象的不同面容条件，运用化妆手段，扬长避短。化妆前需先弄清人的面部比例特征与规律，掌握不同人群的面容结构（图3-1）。

根据脸的轮廓，脸型可以分为：椭圆形、圆形、正三角形、倒三角形、长形、方形、菱形七种类型。人的脸型与先天和后天的诸多因素有关。除理想脸型外，根据五官分布情况，脸型还可以分

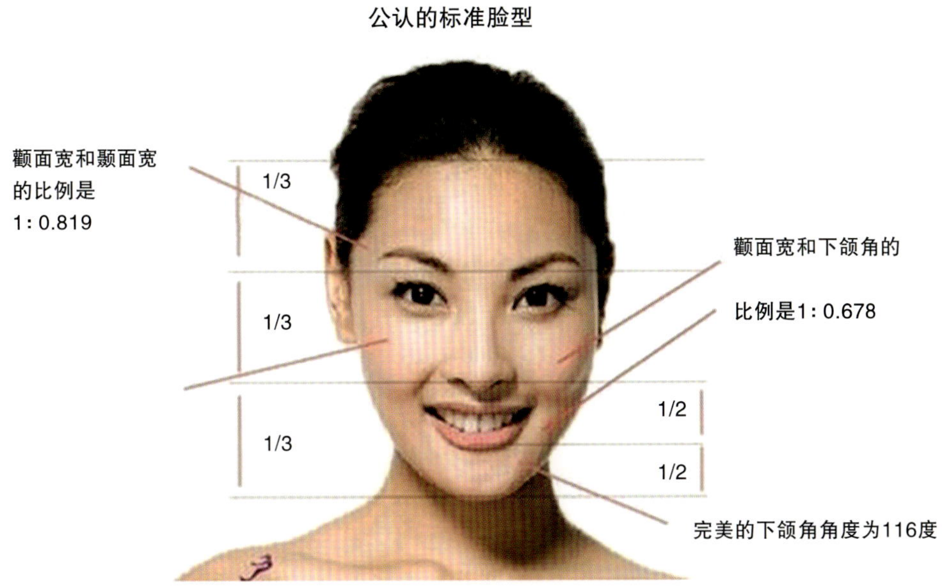

◎ 图3-1 面部比例特征

为内心形、外心形、上心形、上心房形、下心房形等几种类型。

每个人的脸型都是不同的，化妆就要针对不同的脸型进行不同的修饰画法，对以下七种常见的脸型进行化妆修饰方法的分析（表3-2）。

◎ 表3-2 不同脸型化妆修饰方法分析

脸型示意图	名称	特征	化妆技巧
	菱形脸	颧骨突出，下颚较窄，双眼通常比较贴近，两颊宽阔，上下较窄	涂腮红时以颧骨为中心，以打圆的方式来进行；在打粉底时，额头和下巴要采用浅一度的色彩，而两颊则要采用深一度的色彩
	圆形脸	眉毛和额头、嘴巴和下巴等部分通常比较贴近，两颊多肉，颧骨不明显，主要特征就是“圆”	化妆时主要增强轮廓感和立体感。粉底宜采用比肤色略深的颜色，使脸部显得结实些。自耳前方到下巴处画上阴影，使脸部有细窄感。从颊骨中心往眼睛侧面画上长弧形腮红，配合两侧下巴部分的阴影，效果更佳。眉毛粗细适度，长度略长，末端略提高。眼影采用暗色且往眼尾方向推抹开，再将这种褐色移至鼻影处，鼻梁部分要使用光亮化妆品，增强脸部立体感
	长形脸	脸部较长，有的是额部长，有的是下巴长，给人脸长而不柔和的感觉。因为脸长，还会使得整个脸显得窄	眉毛应呈一字形，眉头至眉峰2/3处画直些，且眉峰不宜太高，眉尾可稍画长一些，避免末端向下垂，且只在眼睑上抹眼影。如需画眼线，眼睑中央画深一些，并在眼角处向上描。在颧骨顶端抹上较深色粉底。长脸形不适合太明显鼻影，应以自然为宜。在两腮和下巴部位加上深色粉底，缩短脸的长度

	方形脸	脸型线条较直，方方正正，额头宽，面颊也宽，下巴稍嫌狭小，缺乏温柔感	修眉时眉峰不宜太明显，眉形选择标准眉型或角度眉均可。画眼线时适合将眼睛画得圆一些，在宽大的两腮和额头两边加深色粉底，两颊颜色刷深、刷高或刷长。额头中间和下巴加白色粉底，另外需要强调唇部的彩妆，把上下嘴唇画圆些
	倒三角形脸	上宽下窄的特征，额头较宽下巴较尖，给人有仇的感觉	画眉时以偏细眉为主，眉头与眉尾平行，标准眉形即可。眼线依眼睛形状来画，需明显些。在颧骨、下巴和额头两边着深色粉底造成暗影效果，于脸颊较瘦的两腮处用白色或浅色粉底来修饰，使整个脸看起来更丰满、明朗
	正三角形脸	上窄下宽，额头窄小两腮方大，给人沉着、大方又威严的感觉	眉毛采用自然眉型画法，即眉毛加粗，眉尾处比眉头稍高，画椭圆形眼线。两腮较宽部位加深色粉底，使该处显得比较深凹，弥补下脸部宽大的缺点，在狭小额头和下巴处加上白色粉底。嘴唇可描丰满些，下嘴唇不宜画成圆形
	椭圆形脸	颧骨不明显，脸型长短宽窄配合适宜，又称为标准脸型	椭圆形脸又称（鹅蛋脸型）属标准脸型，在化妆时可以随心所欲地设计出自己想表达的妆容。

三、面部结构的分析

1．常见的眉型

眉形多种多样，千姿百态。归纳起来有：一字眉、标准眉、弧形眉、大弧形眉等几种。

眉形的设计应与脸型和眼形整体搭配，不同的眉在不同的脸上，效果完全不一样（图3–3）。

2．常见的眼型

眼睛居五官之首，被人们称为“心灵之窗”，眼神是无声的语言，能表达喜、怒、哀、乐，巧妙地传递感情，它最能显示出一个人的神采和风韵。

眼睛的结构比例及外形直接影响着容颜的美丑。眼睛的外形与人种、遗传有密切关系。每

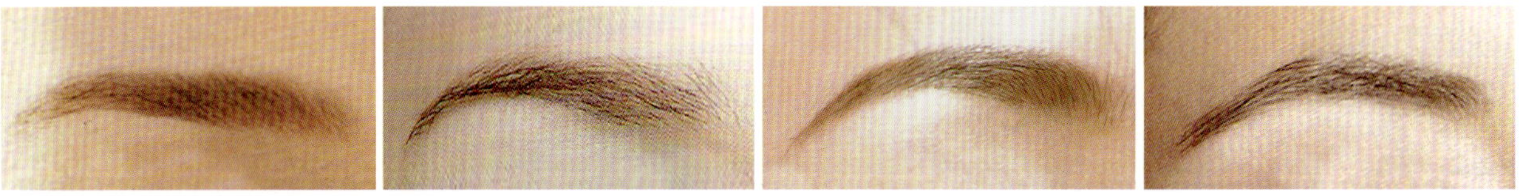

◎ 图3–3 常见眉型

个人的眼睛都与他人不同，很难说哪种眼睛漂亮，哪种眼睛不漂亮。眼睛的形象只有与脸型和五官比例匀称，协调一致才有美感。而美与丑只是相对而言，没有绝对的标准。常见的眼型有吊眼、垂眼角、小眼睛、肿眼泡、深眼窝、大眼睛等（图3-4）。

3. 常见的鼻型

鼻子的结构比例及外形直接影响着面部的整体效果，是突出面部立体感的重要部位。

理想鼻型：鼻梁挺拔，鼻尖圆润，鼻翼大小适度，鼻型与脸型比例协调（图3-5）。

4. 常见的唇型

嘴唇是人的五官最忙碌的部位，也最富于表情。它比周围颜面的皮肤光滑，颜色红润，敏感而显眼。千百年来，无论中国女子还是外国女子，都喜爱把嘴唇涂成红色，让人看来更性感、更漂亮、更富有魅力。娇艳柔美的红唇，是女性风采的突出特征之一（图3-6）。

四、自我化妆技巧

化妆就是利用素描技巧中的远近、虚实的结合，色彩中的各种对比与调和的关系，借助化妆技术等手段，修饰或弥补人的面部及身体等部位的不足，提升个人整体的形象美感。自我化妆的技巧就是达到扬长避短的目的。

1. 面部的遮瑕

化妆中粉底的运用即可以调整或修饰不同脸型，同时也可以遮盖面部的瑕疵。基础粉底色用来调整肤色及肤质的均匀度。过冷无血色的肤色可用偏暖的底色调整，偏黄的、不健康的肤色则用暖粉色的底色调整，而肤色偏深的底色可调浅1~2度。影色是用来调整面部的外轮廓，起到收缩脸型、增强面部立体感的作用；提亮色是用来表现凸起效果，与影色配合增强面部的立体效果。

粉底的质地对于雀斑、黑眼圈、眼袋、假眼角、痘印、疤痕、暗疮以及肌肉下垂形成的纹理(如鼻唇

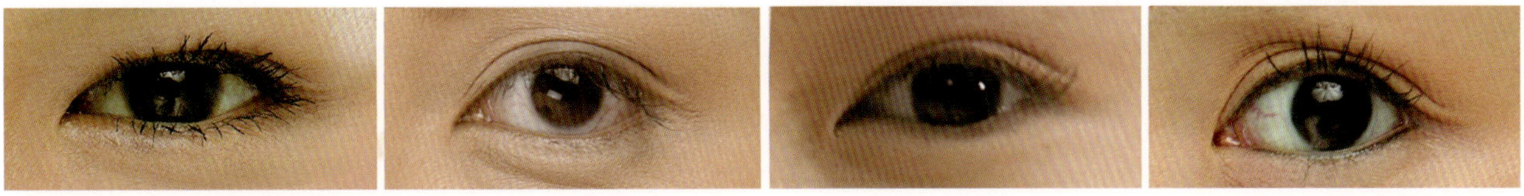

◎ 图3-4　常见眼型

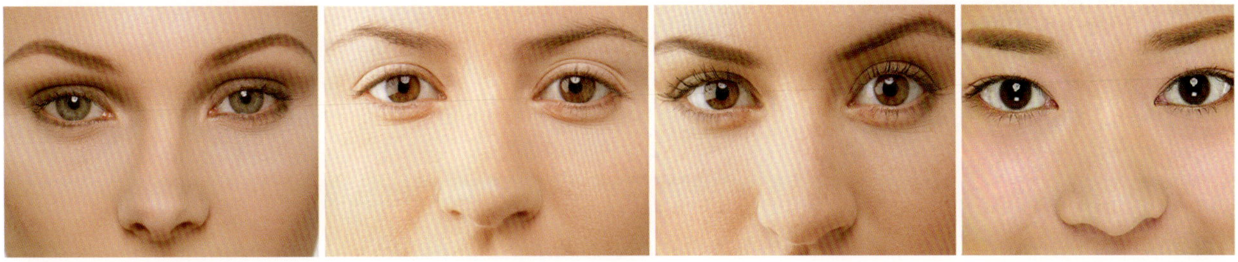

◎ 图3-5　常见鼻型

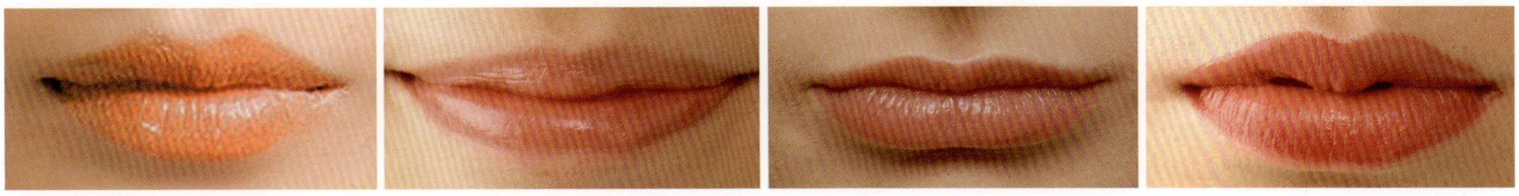

◎ 图3-6　常见唇型

沟)的修饰至关重要。通过粉底厚薄程度的调整，使修饰的皮肤更加光滑、细腻(膏状产品遮瑕效果较好)。

修饰方法用遮瑕笔沾上少量遮瑕产品，调匀后沿着黑眼圈及眼袋最深处向边缘晕开，注意涂抹一定要均匀，不可过于厚重，遮瑕不要使用珠光感过强产品。

选用接近基底色的散粉，提亮部位用浅色定妆，收阴影部位用深色定妆。用于固定妆面，使妆面更长效、更持久、更干净，不易脱妆(图3–7)。

根据脸部轮廓，椭圆形是理想型的脸型，在底色的运用上较为简单，注意调整好底色的均匀度和面部的提亮效果即可，面部的影色处理可以略掉。

圆形饱满的脸要变成椭圆脸，必须突出脸的长度。T区应作一些提亮，两颊侧面打上一些影色，烘托眼、鼻、唇等部位，使得又平又圆的脸显得有立体感。

正三角形脸打底时两颊用影色作暗，T区提亮，突出面部的中心部位，减弱两腮重量。

倒三角形脸在底色的运用时，利用影色效果令窄的颌线显得柔和，前额两侧显暗，两下颌提亮，使脸腮显得丰满。

菱形脸在底色的运用时，注意不要突出颧骨。提亮前额和两颌，使颌线显得柔和，两腮上侧打上暗色，使得凸起的颧骨显弱。

方型脸在底色的处理上注意柔和面部的棱角，利用影色涂暗较宽的额角和两腮，使面部显得圆润，通过提亮面部中心部位，塑造出较窄的脸型。

长形脸在运用底色时，应在额部和下颌处运用影色，T区提亮，使沉闷的脸型轻快一些。

2.眼部的化妆

不同眼型眼影的画法：

下垂眼：需加强外眼角上眼影的晕染，这样后眼尾才有向上提升的感觉，并达到平衡作用。

上吊眼：为了使眼睛看上去柔和一些，必须加强外眼角后下眼尾眼影的平拖，以及内眼角的眼影，这样才能减弱眼睛上扬的感觉。

小眼睛：在眼窝处打上深色眼影，然后从上往下把眼影揉开，睫毛根处用色要深，可使眼睛产生增大效果。再把睫毛刷的浓密一些，增加眼睛的张力。

大眼睛：眼影晕染要柔和，颜色不要太深，适合清淡的颜色，眼线要细画，在靠近睫毛的部位用深色眼影增强眼部结构及神采。

凹陷眼：可在凹陷的眼睑出涂抹浅色或亮色眼影，在眼线周围晕染少量眼影，使眼睛变得更加明亮。

肿泡眼：选用深色眼影从眼线处向上渐渐晕开，提亮眉骨，可选用冷棕色或冷色系的颜色，切忌不可使用红色或偏暖的颜色。

眼影的使用是为了表现眼部立体结构，同时

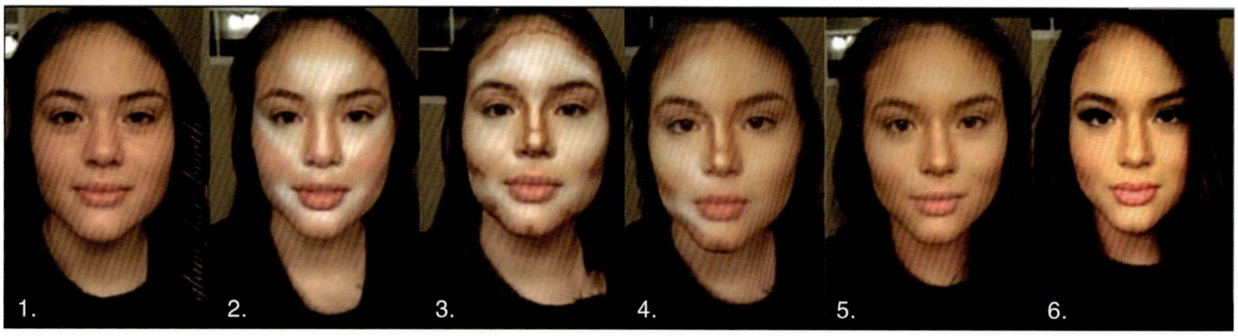

◎ 图3–7 面部遮瑕

也能表现整体的化妆风格及韵味。眼影色彩的选择要综合考虑服饰色、发色、肤色、眼睛色以及眼部特点等诸多因素。

眼线可以调整眼型，弥补眼睛的缺陷，使眼睛变得更加标准。同时可使眼睛由小变大，眼形清晰有神韵，也可调整两眼的间距（图3-8）。

3. 眉型的调整

首先整理好眉型，然后用眉刷轻轻描画。眉形过纤细、过浓重、眉形下落等效果，都给人生硬的感觉。在描眉时，尽量避免过于女人味（图3-9）。

4. 腮红的修饰

腮红可以表现皮肤的健康红润，最好选择与口红、眼影相似的颜色，腮红使用得当还可帮助修正脸型。由于东方人面部较平坦，使用腮红时应表现外轮廓略深，向内轮廓渐浅，并最终融化消失，表现面部的立体效果。

腮红的涂抹位置应根据不同的脸型而定，标准脸型腮红的位置是在面颊凸起最高的地方。打法分两种：一是打在笑肌上显得可爱，适合年轻、可爱类型的人。二是也可以作为修饰面部立体感和阴影的过渡，较为适合职场化妆。

4. 唇型的调整

不同唇型给人以不同的印象，上唇圆，唇峰近显可爱、年轻、小巧。嘴角上翘呈菱形状，讨人喜欢、微笑。唇峰尖锐，严厉有个性。上唇过分方正，男性化。唇角下垂，生气、无神。上唇丰满圆润，热情大方。

不同的唇型，不同唇膏的颜色、质地可以表现出不同的效果。以质地分为例：

哑光型：改变唇型，给人成熟感。

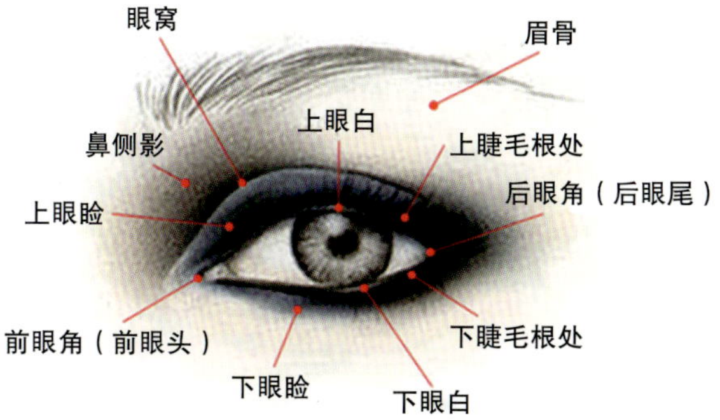

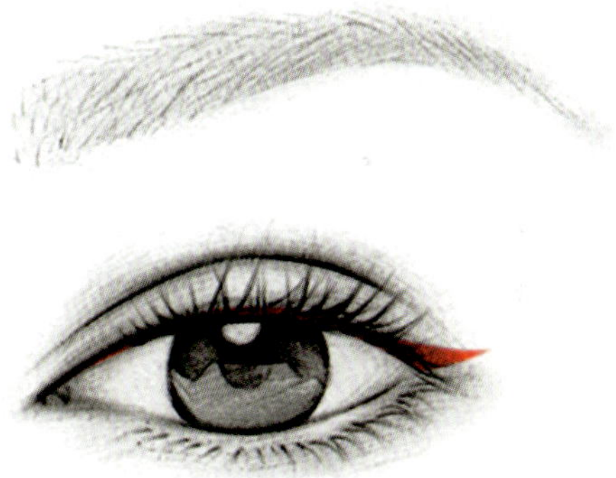

◎ 图3-8 眼部的化妆

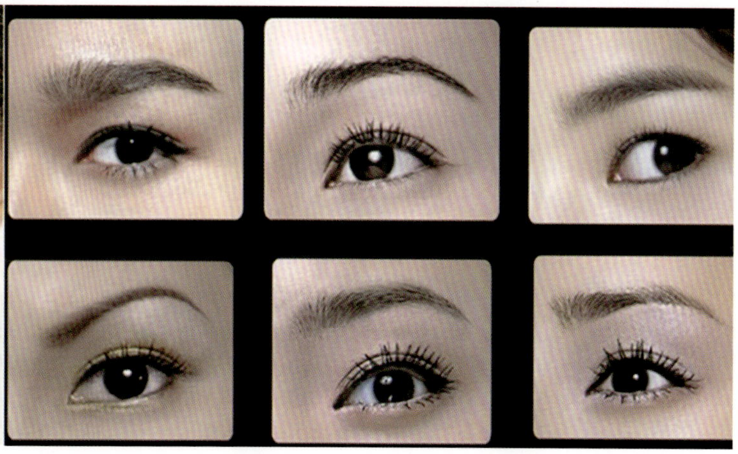

◎ 图3-9 眉型的调查

珠光型：时尚感强，显高贵气质。

盈润型：体现健康、自然、清纯、典雅之感（图3-10）。

一般而言，口红的色彩选择应与所穿的服饰颜色相匹配。根据肤色选择唇部的化妆色更为理想。如脸色偏暖的适用珊瑚红、杏色等口红色；如脸色偏冷的适用玫红、粉红、浅粉色等口红色；如脸色偏暗则不要选橘色口红，而应选用棕色口红。如偏黄的肤色当然要避免再使用黄色系的口红，亮丽的中性色较为适合。

◎ 图3-10 唇型的调查

第二节 头部发型

头发是形象设计的重要组成因素，无论是何种发型，都是仅次于脸部的明显突出部分，对一个人的整体外貌形象起着重要作用。发型具有烘托人物气质的效果，不同的发型显现不同的性格和感情。

发型设计在整体形象设计中是局部与整体的关系，它对整个形象设计具有很强的从属性。但不可忽视的是，人物形象设计中50%取决于美发造型设计。因为发型更能直观地体现人物的身份、年龄、个性、气质等特征。

发型依附于人的头部，是形象设计师根据人物整体形象塑造的需要，对于设计对象的头发进行设计，然后用剪、吹、烫、盘、染等技术手段来使之具有一定的色彩与造型以实现设计的需求。发型占有一定的空间，并有可视性、可触性、实用性、美观性等特征。因此发型设计在形象设计过程中具有一定的独立性。但作为一名成功的形象设计师，在发型设计上不仅要考虑本身的特殊美感与实用性，同时还必须考虑与设计对象的脸型和体型相协调，并与设计对象的化妆和服装在设计风格上相统一。

发式造型本身就是一种独特的语言，主要表

现在轮廓、发量、结构、起伏、发质与纹理等方面。从某种意义上来说，发式造型就像是雕塑师在特有的条件、地点及环境下进行雕塑创作一样。

发型设计不是刻意地模仿与复制，更不是随意的发式梳理，它是一种创作。是在深刻理解设计对象生理条件和精神特征的基础上，以表达个人特征为目的的一种创意性的发式设计。

虽然发式设计很重要，但没有化妆与服装的配合，人物的形象设计也是不完整的，三者只有相互和谐才能成为一个完整的、统一的整体。

一、女性发型

选择发型时脸型是最重要的考虑因素。脸型的大小、宽窄、直曲线条都将决定所选择的发型的适合程度。

1．椭圆形脸

椭圆形脸是一种较为理想的脸型，不同的年龄都可展示出良好的形象。

设计发型时要展示自然的发型。无论是强调脸部两侧的发型或者是松散地结个辫子，都会带来很好的效果。

2．圆形脸

通过发型设计，又圆又宽的脸形可以表现出修长的感觉。

这种脸型的人适合选择露出前额或者遮盖脸部两侧发型，头发不宜过长，也不宜过短。

适合椭圆形脸的饰品必须有质感，不宽但有棱角。为了塑造出轮廓清晰的形象，服装的领口宜选V领或者低领的服装。

3．方形脸

对于这种下颌有棱角的脸型，在设计发型时应尽量展现出温柔感。可以选择长发，头发长度以到下颌为佳。在头顶部位加入重量感，前额做成柔美的波浪式。

在饰品选择上，不宜选择显眼的饰品，也不宜选择蓬松和过宽的饰品。可选用V领或者U领的服装，通过领口柔美的线条来弥补下颌所带来的生硬感，从而塑造出柔美的形象。

4．长形脸

要想让长形脸的人显得柔美，除了垂直感之外还需要注重横向感的修饰。不宜留披肩长发，短发反而更适合这类脸型，尽可能不要将头发中分。

佩戴饰品时，不宜佩戴紧靠脖子的项链，也不宜佩戴较长的耳环，紧贴型的耳环反而更适合。适合搭配曲线形领口和领口柔和的服装，可以塑造出柔美的女性形象（图3-11）。

◎ 图3-11　不同的脸型与发型

◎ 图3-14 指甲的形状

②方圆形指甲。手握砂条，使打磨面与指甲成45° 角，从两边向中间打磨指甲。

③椭圆形指甲。平握砂条，打磨面指向上方，沿指甲前缘下面打磨。

（3）修整与打磨指甲形状时的注意事项：

①指甲形状越方，越具有耐久性；

②尖状指甲极易断裂，应提醒顾客注意；

③指甲前缘的长度不应超过拇指甲板的长度；

④切勿过度打磨指甲两边，以免造成断裂；

⑤切勿在指甲表面前后或左右来回打磨，以防指甲断裂；

⑥打磨结束后，斜握砂条，轻轻打磨指甲前缘。这一步将会消除粗糙的边缘并避免指甲剥落。

三、指甲的护理

第一，尽量减少直接以指甲接触东西，或将指甲当作工具来使用，减少伤及指甲的机会。

第二，若指皮已经萎缩或消失，可每天以温水浸泡10~15分钟，之后用热毛巾擦干，轻轻按摩，让指皮重新生长；另外可使用营养油来涂抹指甲后缘，适合指皮裂开、脱落的情况。

第三，避免接触各种刺激物，如肥皂，有机溶剂等，做家务时应戴上手套，尤其是洗碗、洗衣服等。

第四，对于受伤或破裂的指甲，可用指甲修护霜涂抹，勿过分修剪指甲两侧的茧皮，如此容易引起发炎。

第五，清洁指甲时，应先用一些具有抗菌作用的湿纸巾或酒精棉球进行清洁。

第六，使用保湿功能的护手霜会使肌肤柔和、清新，而不显得油腻。

第七，涂指甲油前先上一层底油，以预防指甲变黄。

四、指甲与个人形象搭配

搭配普通衣物时，指甲可以选涂带有自然色泽或者透明感的指甲油，但是，当出席的宴会到娱乐场所时，人们需要考虑到与服装的色彩和设计进行搭配，可挑选鲜明的色彩进行美甲。如果要表现出清爽感，可选择青、绿和白等颜色；如果要表现强烈的鲜明感时，可选用红、橙等鲜明的色彩。

此外，还包括人造指甲和丝绸延长等技巧的方法。使用贴纸、珠宝等多样饰品也可以展示个性化形象（图3–15）。

◎ 图3–15　指甲与个人形象搭配

第四章　形体形象设计

在人们平价自身外貌的众多因素之中，没有一个因素如形体形象这般重要。形体形象(body image)是指人们如何看待、认识、评价自己的身体。形体形象会受到成长、外伤、老化等生理变化以及心理的影响，同时也会受到周围环境的影响。

在评价形体是否理想时，存在着生理学和文化上的美。前者是指进化而形成的自然美，后者是指符合特定文化审美标准的美。

文化标准在追求理想形体上发挥着很大的作用。在大多数社会里，身体魅力是指美丽的形体或身材。在不同的时代和文化背景下，人们对理想形体有着不同的追求。20世纪大众传媒的发展造就了西方的审美标准。20年代，单薄的少女形的不安感使美人的标准产生了变化；40年代，腿部与丰满的胸部一同成为理想形体的标准；50年代，消瘦而性感成为理想形体；60年代，伊丽莎白代表着当时最理想的美人形象；70年代，电影《罗密欧与朱丽叶》中的奥利维亚・赫西的清纯和柔美成为当时的美人形象；80年代，随着女性意识不断强化，自信以及迷人的身材被当作理想之美；进入90年代，世纪末的不安感使美人的标准产生了变化，流行消瘦且性别不明显的形体；21世纪以来，具备自我独特魅力，身材性感的女性出现在审美舞台。

审美概念并非固定不变。根据文化标准和时代标准的不同，审美概念也会发生变化。并且，审美标准对形体形象的发展也产生了很大的影响。

第一节　女性形体

在任何时代，女性形体都是人们关注的焦点。不同时代对女性形体的审美标准各不相同，不同女性在相貌和形体上都有着各自独特之美。一个时代所要求的理想体型促使生活在同时代的人们不断地致力于自身形体形象的塑造。通常情况下，我们的人体比例的审美标准是七个半至八个头长比例单位。

女性形体类型比男性多，按照肩宽、腰宽、臀宽可将其大体分成长方形、正三角形、倒三角形、沙漏型、菱形、圆形等六种(图4-1)。

一、长方形

长方形体型的肩部、腰部、臀部和大腿部位的宽度大致相同。这类人的体重通常不在标准范围内，虽然上下身比较匀称，但缺乏曲线美。整体上，长方形体型适合塑造成带有宽松感的形象，并很自然地表现出身体的腰部和腹部。多层次服装搭配也适合此体型。还可以穿着几何形曲线样式或有钮扣、滚边等细部修饰的服装，使人们把视线往中间集中；另外，把钮扣设计的腰带扎在腰身上，可以自然地塑造出腰部的曲线；与此同时，也可以用项链、耳环、围巾等饰品，将别人的视线集中在上半身，这样都可以起到很好的修身效果。

长方形体型的特征是较窄的肩部和臀部，平胸，细腰，手臂、小腿较细，体重通常低于正常值，身形笔直又有棱角，因而显得苗条。

长方形体型适合穿可淡化消瘦感的量感服装。暖色比冷色饰品更有生气。利用服装细部(领子、口袋等)或围巾等饰品，可以把人们的目光转移到上半身。

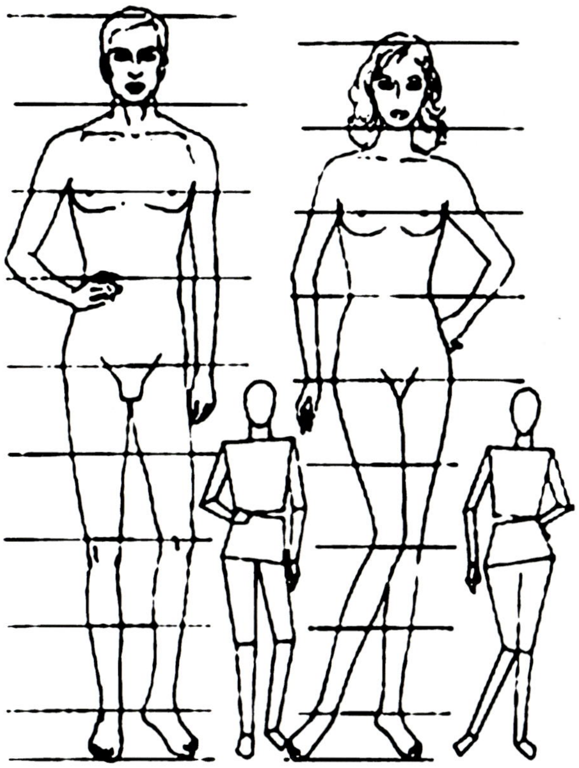

◎ 图4-1　人体比例

针织品不仅保暖，其原料本身带有量感，可以让身材更加柔美。与此同时，带有垫肩设计，略微细长的针织品配上双排钮夹克，感觉更好。最好不要选择过薄或贴身的服装。服装整体搭配的形态过于夸张或者极不对称都会带来负面效果。

二、正三角形

正三角形体型上腰窄，下腰宽。通常是上半身小、背窄、腰细，但臀线又低又圆，加上腿短，使得下半身比较笨重。

对属于正三角形体型的人来说，最重要的是通过选择正确的服装来保持上下身的匀称。上衣可适当选择宽松但依然能保持身材的服装，色泽比下衣更亮或者带有花纹。紧身的衣服会破坏上下身的匀称感，因此应尽量避免。

挑选下装时，贴身服装能突出下体曲线，因此最好选择厚度适当的A形或者喇叭形裙子，它们既宽松又可自然流露出其设计风格。在选择裤子时，线条独特且款式简单的样式比贴身样式效果更好。

三、倒三角形

倒三角形体型肩宽，臀部和大腿相对较窄。通常是上半身较大、背宽、腰粗而短，而臀线高而扁，腿相对长且直，显得上半身比较笨重。

对于属于倒三角形体型的人来说，如果选择有设计亮点（design point）或者原料具有量感的上衣，人会比较沉闷。因此，上衣适合选择宽松、自然下垂的简单设计，但要避免胸线处有平行皱缝和褶边之类的宽松设计。

为了最大限度地表现上衣的膨体感，同时把

视线转移到中下半身，应该选择喇叭形或者有碎裥和褶的裙子，也可选择把衣袋等服装细部当做设计要点的宽松裤子。

四、沙漏形

沙漏形体型肩、背、臀较宽但腰却很细。整体上看身材较匀称，但细腰显得胸部和臀部比实际大。

沙漏形体型应适当缩小丰满的胸部和臀部以及纤腰三个部位之间的差异，塑造充满魅力的女性美。可以在腰部搭配宽松腰带，也可穿夹克或腰部曲线不明显的连身裙，以弥补过细的腰身，这样会使人显得神采奕奕。

五、菱形

菱形体型与沙漏形正好相反，身体中间部位即腹部和腰部相反对于肩部和臀部而言较粗。从整体上看，胸部略小、臀部小、臀线较高、大部分体重集中在胯部和腰部之间。

对于属于菱形体型的人来说，最好不要选择有突出腰部曲线的设计或者贴身服装，应选择从上到下自然下垂的服装，或者选择厚度适中，材质较轻的多层次服装。

可用长衬衫或长T恤等服装盖住腰部，也可以穿宽松裙子、直筒裤或者喇叭裤。注意粗腰带会突显腰部，带来负面效果，可以选择将视线转移到脸部的饰品。

六、圆形

通常圆形体型身体脂肪较多，背和臀较大和较圆，胸围、腰围、臀围、腿围等较大，身体的大部分部位因为脂肪而呈圆形。

这类体型的人可以利用直线和棱角表现轮廓，弥补因肥胖带来的笨重感。可以灵活佩戴将视线转移到脸部的饰品，通常不选亮色，而选择冷色。选择服装时建议不要选择过薄或过厚的材质。若穿着分身式的服装时，上衣和下衣在色彩上应进行对照搭配，并在腰部扎款式简单的腰带将视线转移到身体中部。尽量避开圆领、肥大袖口等设计和圆形金项链等饰品，以避免带来负面效果。

第二节　男性形体

与女性形体相比，男性形体分类比较简单，如高个、矮个、细骨架、肌肉发达或肥胖等形态。

在此，男性体型根据外观大致分为T形、H形和O形等种。

一、T形

从正面看，T形体型肩部最宽，属于倒三角形，充满男性魅力和健康美。通常，这种体型的胸围和腰围相差18cm以上，经常锻炼可以练成这样的身材。

只要个子不过于矮小，塑造各种形象都会非常容易。如果身材矮小，可以通过缩小肩宽来弥补。还有，利用口袋饰巾或用眼镜、太阳镜等物件来强调脸部，再搭配直筒裤，看上去会高大一些。此类体型不适合穿着色彩过于鲜明的套装，否则会具有很强的威慑性。此外，肥胖的T形体型不适合穿欧式风格的套装。

二、H形

H形体型比较普遍，一般偏瘦，呈直线形。从正面看，H形体型肩不是特别的宽，胸部和臀部成直线，一般胸围和腰围相差15cm左右。如果该体型的人非常瘦，会给人带来尖锐的印象。

H形体型的人给他人的印象是富有智慧具有现代感。只要不过于瘦小，很容易塑造出各式各样的印象。偏瘦的H形体型穿着灰色、棕色等中间色比深色效果好，不宜选择材质过薄的服装。穿着人字、小方格等纹样的粗花呢服装具有空间感，柔和H形体型的人带有的锐利感。双排扣外衣、夹克与背心一起搭配的三件式套装也适合这类体型。

三、O形

O形体型的人身材较圆，肩部自然下垂，腰围和臀围几乎相等，过于肥胖时，其腰围可能比臀围更大。胸围和腰围相差13cm以下，颈部较短。此体型常见于缺乏运动的中老年男性。

O形体型的人给他人比较笨重的印象，应塑造充满自信和活力的形象。可以选择直线轮廓的服装，面料不宜过于柔软或轻薄。穿着套装时宜选择V领且肩部硬挺的上衣，以便塑造爽朗的形象。如果在打领带时加入凹槽，将使人显得充满活力。

穿着上下颜色相近的服装可以凸显休闲风格。对于矮个的O形体型的人来说，下装的颜色比上衣颜色深一些看上去会高大一些。

第三节　形体弥补

为了弥补体型的不足，可以借助服装和饰品，也可采用把视线转移到其他部位的方法。下面介绍用服饰来弥补身体特定部位缺点的方法。

一、颈部

颈部的长度和宽度往往是决定颈部美感的关键。首先，对于颈部又短又粗的体型来说，应选择V形领或U形领口的上衣，可以显得颈部较长。颈部带有褶边、肩部带有肩章、高翻领上衣、又短又大的耳环以及紧贴颈部的项链等，都会增加颈部的体积感，显得沉闷。

颈部又细又长与颈部又短又粗正好相反，可通过围巾、头巾、渐变颜色上衣等弥补颈部过长的不足，还可佩戴有量感的饰品或穿着有量感的服装，以及可选择能增添颈部量感的船领或垂褶领的上衣（图4-2）。

二、肩部

肩部的宽度及其下垂程度决定肩部美感。如果女性的肩部过宽，就会缺乏女性美，而肩部过窄又会凸显头部，给人瘦小的印象。因此，对于肩宽的人来说应尽量避免进行肩部装饰，应将视线从肩部转移到其他部位。首先，应选择狭窄的V形或者U形领口的上衣，袖子选择落肩袖、连肩袖、蝙蝠袖等。肩宽会带给人生硬的印象，可以用厚度适当的柔滑面料的服装加以弥补，不宜选择

◎ 图4-2 颈部

锥形裤。

肩窄的人正好相反，形象塑造时最重要的是在肩部增添有水平效果的装饰或可增加肩部宽度的细节打扮。可选择有垫肩或有肩章装饰的上衣，肩部有厚重皱褶的服装、披肩以及泡泡袖衬衫或罩衫等都能弥补窄肩的缺陷，塑造出可爱的形象，肩部下垂会使人显得缺乏自信和消极，因此应该穿着带有垫肩和小垂片装饰的上衣。如果能将视线从肩部转移到腰带或手提包上，也会达到很好的效果（图4-3）。

三、胸部

胸部较平的人适合穿带有褶边等设计的衣服，并可戴上多个项链。用头巾在胸部周围打结或泡泡袖同样会给胸部带来重量感。

胸部过大的人不宜选择胸部周围有分割线、口袋以及褶边等细节设计的服装。相反，需要用箱型衬衣或多层次式服装来掩饰过于丰满的胸部。

四、手臂

手臂的问题主要集中在手臂的长度和围度上。手比较长的人适合穿七分袖或者大袖口的衬衣和罩衫，带宽手镯。为了让他人的视线不要长时间地停留在手臂上，可以用华丽的围巾、头巾、耳环、帽子、太阳镜等饰品进行修饰，使视线上移。

相反，手比较短的人适合选择九分袖、连肩短袖或较长的袖子。插肩袖、和服袖等也可以弥补手臂短的缺陷。

粗臂或者细臂的人不应穿过于紧身的衬衣或罩衫。男性则可以通过运动来塑造健美的双臂。

◎ 图4-3 肩部

五、腰部

腰部主要存在长度和围度两个问题上。腰节过长会显得下体较短，腰节较短虽然显得腿长，但上半身会显得肥胖。

腰短的人适合选择没有腰线或腰线设计较低的上衣，也可以装饰腰带加以降低腰线。如果颈部较长的话，也可以用立领之类的服装来增长上体。此外，还可选择休闲的街舞裤进行搭配。

腰粗的人最好能把别人的视线从腰部转移开。可用宽领或围巾吸引目光，或用稍轻便的织物塑造多层式风格，都能弥补粗腰的缺点。腰过于细长且肚子扁扁的人适合穿没有腰线或胸部和臀部之间留有空间的服装；露于外衣的衬衣或带垫肩的短款上衣也能让人显得朝气蓬勃；佩戴饰品时，可选择粗腰带或装饰性较强的腰带（图4-4）。

六、臀部

臀部的问题在于臀部是否下垂或臀部体积的大小。臀部下垂的人需要搭配耳环、项链、太阳镜等饰品来提升他人视线。不适合穿过于紧身的裤子和裙子，可以用夹克、背心等稍稍盖住臀部。

臀部大的人可以穿着宽松的上衣来弥补上下身的不均衡，或者用长衣盖住臀部。下身可选择穿宽松裤子或者像喇叭裙一样自然下垂的服装。相反，臀部较小的人适合穿锥形裤及前面带有皱褶、臀部有口袋装饰的裤子（图4-5）。

◎ 图4-4 腰部

◎ 图4-5 臀部

七、腿部

腿部的问题在于腿部的长短、粗细以及弯曲度。腿短的人不宜选择边遍裤或者短立裆裤。短上衣或高腰上衣搭配与下衣颜色相近的丝袜和皮鞋会显得腿长。

腿弯或较细的人适合穿宽松的裤子和裙子，不要穿过短的靴子。即使是长筒靴，也不要选择紧贴型的，稍微有空隙的靴子效果更好。此外，斜纹软呢或灯芯绒等有厚度感的面料、大胆的格子或方格花纹的裙子或裤子、弥补细腿的腿套等物件也适合这类体型穿用（图4-6）。

◎ 图4-6　腿部

八、人体比例尺寸与国际服装号码的对照参考

服装尺码换算参照表

女装（外衣、裙装、恤衫、上装、套装）

标准	尺码明细				
中国(cm)	160-165/84-86	165-170/88-90	167-172/92-96	168-173/98-102	170-176/106-110
国际	XS	S	M	L	XL
美国	2	4-6	8-10	12-14	16-18
欧洲	34	34-36	38-40	42	44

男装（外衣、恤衫、套装）

标准	尺码明细				
中国(cm)	165/88-90	170/96-98	175/108-110	180/118-122	185/126-130
国际	S	M	L	XL	XXL

男装（衬衫）

标准	尺码明细				
中国(cm)	36–37	38–39	40–42	43–44	45–47
国际	S	M	L	XL	XXL

男装（裤装）

标准	尺码明细				
尺码	42	44	46	48	50
腰围	68 – 72 cm	71 – 76 cm	75 – 80 cm	79 – 84 cm	83 – 88 cm
裤度	99cm	101.5cm	104cm	106.5cm	109cm

内衣尺码换算参照表

女士文胸 — 下胸围尺寸

标准	尺码明细													
中国(cm)	76.2	81.3	86.4	91.5	96.5	101.6	106.7	112	117	122	127	132	137	142
美国	30	32	34	36	38	40	42	44	46	48	50	52	54	56
英国	30	32	34	36	38	40	42	44	46	48	50	52	54	56
欧洲		70	75	80	85	90								
法国		85	90	95	100	105								
意大利		1	2	3	4	5								

女士文胸 — 罩杯尺寸

标准	尺码明细													
中国 (cm)	A	B	C	D	E									
美国	AA	A	B	C	D	DD	DDD/E	F	FF	G	GG	H	HH	J
英国	AA	A	B	C	D	DD	E	F	FF	G	GG	H	HH	J
欧洲	AA	A	B	C	D	E	F							
法国	AA	A	B	C	D	E	F							
意大利	AA	B	B或	C	D	E	F							

女士内衣尺寸

标准	尺码明细						
中国 (cm)	S	M	L	XL	XXL	XXXL	
国际	XS	S	M	L	XL	XXL	XXXL
美国	2	4	6	8	10	12	14
英国	6	8	10	12	14	16	18
欧洲	32	34	36	38	40	42	44
法国	34	36	38	40	42	44	46
意大利	38	40	42	44	46	48	50

男士内裤尺寸

标准	尺码明细				
中国(cm)	72 – 76	76 – 81	81 – 87	87 – 93	93 – 98
国际	S	M	L	XL	XXL
美国(英寸)	28 – 30	30 – 32	32 – 34	34 – 38	38 – 42

鞋尺码换算参照表

女鞋								
脚长(cm)	22.5	23	23.5	24	24.5	25	25.5	26
中国	35	36	37	38	39	39	40	40
美国	5	5.5	6	6.5	7	7.5	8	8.5
英国	4	4.5	5	5.5	6	6.5	7	7.5
欧洲	35	36	37	38	39	39	40	40

男鞋

脚长(cm)	24.5	25	25.5	26	26.5	27	27.5	28
中国	39	40	41	42	43	44	45	46
美国	7	7.5	8	8.5	9	9.5	10	10.5
英国	6	6.5	7	7.5	8	8.5	9	9.5
欧洲	39	40	41	42	43	44	45	46

第五章　服饰形象设计

◎ 图5-3　女衬衫

◎ 图5-4　连衣裙

五、裤子

穿在腰部以下包裹臀部和双腿，有裤腰、裤裆和两条裤腿的衣服叫裤子。由于20世纪初期轿车问世和第一次世界大战的影响，裤子逐渐成为女性的日常服装。最初，女性只有骑自行车或者打网球时才穿裤子。但是在第一次世界大战结束之后，女性不断进入社会的各个层面，裤子也开始在女性群体普及开来。

直筒裤适合任何一种体形。喇叭裤从膝盖开始向下展开，凸显腿部的苗条和修长感。锥形裤由上往下逐渐变窄，适合脚脖子较细的而个子较高的人。根据裤长可分为短裤、百慕大式短裤、卡普里裤和超过膝盖的便裤等（图5-5）。

六、背心

背心是一种无袖上衣，可以穿在罩衫、羊毛衫、衬衫等服装的外面。当然，它也可穿在两件式裙装和套装的里面。根据背心长短可分成长至上腰或下腰的外穿背心、七分束腰外穿背心、长背心等几种。在17~18世纪，背心是男性穿在外套里面的紧身服装。背心的长度根据下衣以及整体均衡性来确定。现在，背心已经不仅仅是只供防寒用的服装，而是成为打造整体形象均衡的一种有效工具。

胸部较丰满的女性不适合穿正式的紧身背心。相反，可以将长款背心与其他上衣进行多重搭配。

七、外套

从实用性来看，外套有御寒功能。不仅如此，它还有助完成形象设计、弥补体型缺点的作用。小方格花纹面料的女齐腰短裙上衣实用性很好，而带有燕领宽摆式上衣则适合个高或者臀部较小的人。个矮或腰粗的人不宜选择带腰带或者腰部有平纹裁剪线设计的外套（图5-6）。

◎ 图5-5　裤子

◎ 图5-6　外套

第二节 男装

一、上衣、夹克

夹克是一种长短只到腰部、下口束紧的短外套，夹克可以单独穿用。夹克被看作重要的男装中的一种。在19世纪后半期，人们在进行户外体育和娱乐活动时穿着夹克，但在此之前，只有部分上流人士在体育锻炼时才穿夹克。

在维多利亚时期的英国，诺福克公爵（Norfolk）喜欢身穿狩猎服。这种服装逐渐演化成了诺福克短外套的肩部既宽松又舒适，它的前部两处和后部一处有宽褶。穿着这种设计的服装，运动时比较方便。夹克经过改进之后，成了运动迷们的服装，除了运动之外，夹克也用于其他场合（图5-7）。

二、裤子

在男装里，常见的裤形有直筒裤和锥形裤。在法国大革命之前，所有的绅士都穿紧身裤，现在流行的裤子在当时只不过是渔夫的工作服。

在经历产业革命并迈入20世纪之后，人们的生活发生了翻天覆地的变化。随后，相继出现了既能满足功能需求，又不失美观的各种裤子。其中最有代表性的当属时髦的牛津裤，有体育运动大众化而产生的灯笼裤以及成为大众工作服的斜纹粗棉布牛仔裤等。而个矮的人不适宜穿裤边上翻的裤子（图5-8）。

三、男衬衫

衬衫是一种能够直接接触肌肤的服装。对于男性而言，衬衫又是绅士装扮的重要服装之一。直到19世纪后半期，所有绅士都在西装里穿上用带子绑住长袖的白色衬衣。通常，我们把穿在西装里的衣服称为“白衬衫”。但是白色衬衫始终是衬衫

◎ 图5-7 男装上衣夹克

◎ 图5-8 男装裤型

的代名词。

与夹克搭配时，衬衫最好比夹克衣领高出大约1.5cm，露出袖子1.5cm左右，这样才是两件服装进行搭配的最佳效果。与此同时，衬衫领与颈部最好留有0.5cm的空隙。

领子被誉为衬衫的生命，是进入他人视线的第一个重要部分。同时，领子也是决定服装廓型和寿命长短的重要因素。不同的体型应该选择不同形式的领子。高大、健壮的人适合选择大领，而瘦小的人则应该选择小领。标准体男性适宜选择6~7.5cm宽、呈75° 左右的普通领衬衫。颈部较短的人应选择低领，脸宽且颈部较长的人不适宜选择圆领和方领。在选择衬衫领时，应根据脸型、颈围和身高等特征选择与此相适应的款式。

普通领衬衫适合所有人穿着，与各种休闲装进行搭配。

圆领、尖领受到学生的偏爱，因此又被称作俱乐部领。领尖上涂有粉浆，适合与正装搭配，没有粉浆则适合与骑马服等运动夹克搭配。这种衬衫不适合圆形脸的人。

礼服衬衫是男式服装中最基本的一种。随着体育和休闲娱乐的发展，衬衫呈现出休闲化的趋势。衬衫的色彩开始变得亮丽，而形态也开始多样起来。同种颜色的面料进行不同的裁剪设计，再和不同的服装进行搭配，可以塑造出不同的形象（图5-9）。

四、背心

与领带一样，背心是男式服装中最容易进行装饰的服装。在17世纪，英国国王查尔斯二世为了禁止过度享乐和奢侈而从波斯地区引入了背心。当时的背心非常长，足以盖住里面的服装。18世纪之后，背心逐渐变短。在第二次世界大战之前，背心已经被当做冬季保暖用的服装，穿在夹克里面。第二次世界大战期间，由于缺乏布料、中央空调的发明以及成衣业的发展，背心成为人们根据自身体型展现个性魅力的好产品。

对于风格正式的背心来说，其长度以遮住裤子腰线的程度为好。同时，搭配吊裤带要比使用腰带效果更佳。如果套装上衣在系上钮扣后稍微露出背心，其视觉效果会更好。同时，背心应该稍微压住衬衫的领尖。

随着各种设计样式不断涌现，休闲服装日渐增多。如今，户外背心已经不必穿在夹克里面，而是可以单独穿着。此外，背心采用与夹克不同的面料可以表现出不同的形象。

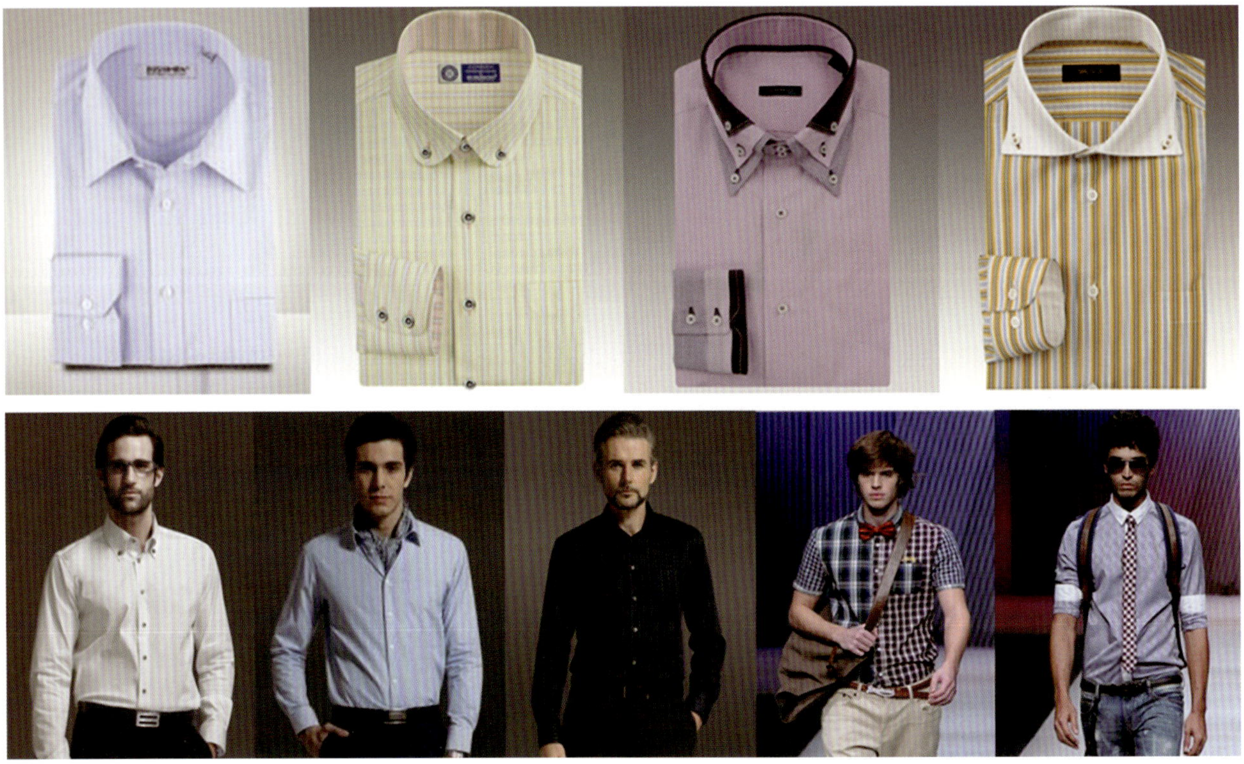

◎ 图5-9 男衬衫

五、外套

外套是穿在最外面的服装，多为上衣。从18世纪开始，外套包括大衣，因此外套和夹克得以区分开来。众所周知，外套具有防寒功能。除此之外，它还可以表现权威感以及展示忠厚魅力和个性的作用（图5-10）。

◎ 图5-10 男装外套

第三节 饰品

从通俗角度讲，服饰品可以理解为装扮服装的“零件”。这些饰品可以直接戴、挂或套在身体的某个部位。它不仅仅可以增添衣服的亮点，也是展示个性的重要因素，是塑造形象时不可或缺的小道具。

根据时间、场合、目的不同，人们应该选择适当的饰品，并要与所穿的服装相配，尽可能让它成为整体的亮点，同时要避免出现饰品堆积现象。

根据种类来划分，饰品包括包、鞋子、腰带、袜子、手套、帽子、手表、眼镜、围巾、头巾、项链、耳环、胸针、手链、戒指等。

一、领带

对男性来说，领带是一种重要饰品。通过领带人们可以将心中深厚的感情、一时的情绪、隐秘而微妙的感受与他人进行交流，并享受心中的喜悦。

在20世纪初期，世界上流行各式各样的领结，而标准式平结和温莎结较为普遍。温莎领结一般与宽领衬衫相搭配，而且领结带有量感。通常领带的纹样以斜纹为主，长度以稍遮住裤腰带扣子为宜。领带的宽度要与衬衫的领子和夹克的翻领宽度协调。

领带的打法有很多，同时也是男士必修的功课，下面是领带的五种打法。

第一种：平结

适合各种材质的领带，也是男士选择最多的打领带的方式。要诀：领结下方所形成的凹洞需让两边均匀且对衬。

第二种：交叉结

适合颜色简单一点，材质薄一点的领带。适合喜欢展现流行感的男士。

第三种：双环结

适合年轻的上班族，比较时尚。这种打法第一圈会稍稍露出第二圈之外，不用刻意遮盖的。

第四种：温莎结

适合用于宽领型的衬衫，该领结应多往横向发展。应避免材质过厚的领带，领结也勿打得过大。

第五种：双交叉结

该领结多运用在素色且丝质领带上，若搭配大翻领的衬衫不但适合且有尊贵感。适合正式场合选用（图5-11、图5-12）。

人们一直认为，领带是男性的专属之物。但是，在把女性装扮成男儿风格的过程中，领带成为常见的时髦饰品。

二、围巾和头巾

围巾和头巾属于以细微的变化便可带来形象上巨大转变的饰品。在过去，围巾和头巾仅在秋冬季节为了保暖而佩戴，如今情况已大为不同了。在装饰品方面，它具有很高的使用价值，如果与服装搭配协调，可以塑造出各式各样的形象。

围巾适合分体装，打扮成风格休闲的衬衫，不适合搭配正式的礼服衬衫。

围巾可由多种面料制成，如高档的丝绸、柔软的雪纺绸、华丽的印花布等。服饰图案包括几何花纹和条纹图案等。

在选择围巾时，人们不仅应从脸型、肤色以及期望的造型等方面出发，还应考虑不同服装之间搭配时的协调性。同时，还需要参考围巾的面料、

平结

交叉结

◎ 图5-11 双交叉结打法（1）

双环结

温莎结

双交叉结

◎ 图5-12 双交叉结打法（2）

图案、颜色、设计、宽度和长度等。

在配饰中，围巾受脸型的影响最大，所以围巾和脸型之间的协调搭配显得非常重要。对于圆形脸的人来说，系领带或者丝带型围巾时要系的又小又矮，或者系的宽松，这样才能达到露出颈部的效果。领口需要留有空间。侧面打结比正面打结的效果更加有效。对于长脸的人来说，应该善用围巾使脸部显得像椭圆形脸一样。

在进行服装搭配时，需要选择与上衣相同面料的围巾，颜色上基本选择与上衣相近的颜色。如果服装的花纹既复杂又杂乱，可以搭配单色系列的围巾。相反，如果服装的款式简单，色调过于暗沉时，搭配的围巾应该拥有艳丽的花纹或者亮丽的色彩。

根据造型设计的不同，人们应该适当选择围巾的大小，并以实用为最高标准。基本上，围巾可以分为三类：能裹住肩部的正方形方巾（36cm×36cm）、手绢大小的迷你围巾以及适合正式场合佩戴的长条围巾。

围巾还有另外一个优点，即如果把围巾打成结装饰在身体的不同部位，可以展示出另一种独特的风情（图5-13）。

◎ 图5-13　围巾和头巾

三、项链

项链的种类非常繁多，但从结构上来说，项链主要由链身和搭扣两个部分组成。链身也主要有两种形式：一种是一节节单一的花纹链环重复连成；一种是由各种宝石和花片镶制而成；前者属元宝链，后者称花式链，搭扣起连接的作用。从长短来说，习惯上将围在颈部的短项链称为颈链，这种超短型项链也称“卡脖链”；而挂于上衣领口外边，长达胸部的项链叫胸链。项链是它们的一个总的名称。

项链是属于个人佩戴的饰品，具有个性的特点，长度也就因人而异。

1．30cm左右衣领型项链

三条或以上的30cm左右的短项链并排佩戴，紧密贴合颈部，具有维多利亚时代的奢华气息，非常适合与V字领、船领或露肩低胸晚礼服搭配。

2．41~44cm短项链

41cm的钻石项链是最实用的长度，项链的长度垂下来刚好在衣领上方一点的地方。经典的款式和用途的多样性使它不仅适合日常生活中佩戴，而且也适合晚宴佩戴。日常工作中，斯文的衬衫、有格调的短裙，再搭上拥有完美长度的珍珠项链，优雅而知性。

这种长度适合大部分人，很多年轻女孩都喜欢这种短项链，事实上它也是很多女孩人生中的第一串珍珠项链。

3．44~49cm公主型项链

公主型项链的长度在44~49cm左右，比短项链长一点，它垂下来的长度在圆领线稍下一点，刚好可在正面形成V字形线条，衬托出良好的衣领线条。

它也适合搭配低领和较为夸张的领口。44~49cm的珍珠项链被认为是珍珠项链当中最经典的长度。如果不太确定什么样的长度适合，它将是你最明智的选择。

4．52~58cm马天尼型项链

长度在58cm左右的珍珠项链，它的长度超过公主型，但略短于歌剧型项链的长度。

这种长度非常适合配搭高领，也适合脖子较短的女士。身材娇小的女士佩戴这种项链能产生层次感，在视觉上起到拉伸的效果。另外，佩戴此类型的项链，服装的颜色应较柔和，装饰也不宜太多。

这种项链适合非正式场合或是商业活动佩戴。最好和高领搭配，能中和高领过于正式的感觉，增加亲和力。马天尼型珍珠项链也很适合搭配长款背带裙和长裙，它给佩戴者一种奢华和自信的感觉。

5．91cm左右歌剧型项链

垂下来的长度刚好在胸部中间，这个长度也能产生很好的层次感。歌剧型项链也可以将其缠绕成两串短项链，达到别样的效果。同时这个长度的钻石项链适合各种款式的领口。

歌剧型项链有多种佩戴方法，可以搭配高领缠一圈，也可以缠两圈成时尚的衣领型项链造型，亦可以在领口处或是胸部上方打一个结，时下这种有点复古的元素正成为一种时尚。过去，歌剧型珍珠项链只能搭配正式礼服，而现在用来搭配非正式休闲服成为一种新时尚。

6．115cm或以上结绳型项链

可以选择不同的佩戴方式。优雅而且性感的长项链适合佩戴出席各种晚宴。可以将其缠绕成两串或是三串短项链以产生层次感。在胸前将它打一个结，极度奢华的气质更为突出。

其实，这只是一个大致的标准，项链的规格是不那么严格的，每个人根据情况可适当放长或缩短。项链的规格较复杂，它主要根据价格和实际需要而定。所以说，项链的规格实际不是标准化的，仅是参考性的。在国内珠宝市场上的项链，一般以40cm和42cm两种长度最为普遍（图5-14）。

项链的佩戴与服装款式和脸型有着密切的联系，利用项链的长短和材质可以塑造出不同的形象。

如果服饰的领口款式简单又敞开，项链会更加突出。不宜在V领中间用项链遮挡空间。此外，收腰型的服饰不适合搭配既长又垂散的项链。

粗大的项链戴在颈部较长的人身上会显得很滑稽。同样，颈部比较粗的人戴短项链也会起到相反效果。还有，圆形脸的人戴短项链会更加突出脸部。

项链在与正装搭配时，如果项链的设计简单，会更加突出其设计风格。项链的材质有很多种，其中最能让脸部充满诱惑的材质包括珍珠、水晶、黄金等。珍珠项链可以与任何服装进行搭配。

与项链搭配的还有戒指、耳环、手镯等饰品，在整体形象搭配的过程中应注重配套风格的统一感，以点睛的搭配方法为主。

◎ 图5-14 项链饰品

四、眼镜

现在配戴眼镜不仅仅是为了矫正视力或是为了遮挡太阳以保护眼睛，在最近一段时期，眼镜已经被当作饰品的一部分，从而创造出更多的价值。眼镜能够对时尚潮流作出敏锐的反应，并能提高服装的时尚感。此外，使用不同材质和造型的镜架，可以塑造出不同的风格形象。

眼镜与脸型的协调搭配最为重要。圆脸的人适合有棱角的镜架，而菱角分明的人适合戴圆形镜架。脸小的人适合戴又小又窄的的镜架，而脸大的人适合戴大镜框。如果镜片较厚，应该选择小型镜架。与金属架相比，塑料板材等做成的镜架能给人以温暖感，但厚塑胶架在夏天会给人带来炎热、憋闷的感觉。

肤色较白的人想要摆脱懦弱的形象，不宜佩戴银色镜架。肤色较黄的人佩戴金属镜架反而更加突出肤色。另外，镜架的上部最好能与眉形相吻合。两眼间距较宽的人应该选择深色镜架，而间距较窄的人应该选择色彩亮丽的镜架。

综上所述，应该根据脸型选择合适的镜架，这将有助于进行整体形象的塑造（图5–15）。

五、腰带和吊裤带

腰带和吊裤带都是固定裤子使其不轻易滑落的饰品，两者可以同时搭配使用。腰带和套装的颜色最好相近或深于服装。在与正装搭配时，过宽的腰带或者钮扣显眼夸张的腰带都不太适合。

在18世纪，为了固定裤子并突出裤子线条，吊裤带被用在裤子省缝线的延长线上。如今，除了具有上述功能之外，人们根据自己的喜好，用它来展现休闲的形象。在表露现代感形象时，使用金属材质的夹子效果好。如果想要表现古典的田园形象，则适合使用可放入裤腰线钮扣里的设计（图5–16）。

六、鞋和袜子

在服装搭配的收尾阶段，鞋的选择也同样重要。鞋除了其本身具有的实用功能之外，还可以明显的表现出穿着者的思维方式和社会地位。通常，人们应该选择比套装颜色更深的鞋子。但是，如果服装的颜色很鲜亮，则适合选择白色或者米黄色鞋子进行搭配。

◎ 图5–15 眼镜

◎ 图5-16　腰带和吊裤带

起初穿长筒靴是为了防水。但到了20世纪60年代，随着迷你裙的出现，长筒靴发展成为晴天也可以穿着的时髦配饰（图5-17）。

通常情况下，袜子应该与裤子和鞋子保持同样的颜色。如果裤子属于亮色，袜子的颜色应该与鞋子保持一致。袜子可以分为短袜和中长袜两种。短

◎ 图5-17　不同款式的鞋

袜适用于运动和休闲装束，而长袜适用于正式场合。在入座的时候，裤管会上提，导致小腿外露。为了避免这种情况，不要穿白色的袜子（图5–18）。

七、帽子

帽子属于头部饰品，包括有边帽、无边帽、无边系带式女帽、兜帽、面纱等。

最早，帽子是为了从炎热、寒冷的环境和自然界中保护头部而佩戴的。随着时间的推移，帽子的装饰性会不断加强。

出席正式场合的午餐会或招待会时，戴帽子已成为惯例。在室内或者长辈面前，人们需要戴上与礼服或正装相配的帽子，这已经成了一条基本准则。进入室内后，人们应该摘下登山服、雨衣或者工作服的帽子（图5–19）。

◎ 图5–17　不同款式的鞋

◎ 图5–19　不同款式的帽子

八、箱包

箱包是对袋子的统称，是用来装东西的各种包包的统称，包括一般的购物袋、手提包、背包、单肩包、挎包、腰包和多种拉杆箱等。

随着人们生活和消费水平的不断提高，各种各样的箱包已经成为人们身边不可或缺的饰品。人们要求箱包产品不仅在实用性上有所加强，装饰性已成为主要拓展（图5-20）。

◎ 图5-20　不同款式的包

第四节　整体服饰形象的搭配

如今，人们变换着装的意识不断增强，从大众服装到个性化服装，从单一穿着到整体搭配。搭配一词于20世纪中期开始流行，含有对等、合并、调整、汇总等含意。在经历1973年石油危机之后，消费者的生活意识和购买形态已从生活实用型转化成追求生活质量型。因而，搭配成为人们生活中的日常用语。

服装搭配是指两种或两种以上的服装进行组合。它不仅仅是一种服装的简单组合，而是将人的生活方式、社会环境等诸多因素结合起来，也含有塑造整体美的含义。

从20世纪70年代开始，服装杂志开始减少对规范化服装款式的介绍，而是大幅度地增加有关服装搭配的介绍。与此同时，开始出现为人们着装提供建议的造型师职业。70年代中期之后，休闲化倾向和多层式服装款式开始流行，从而构建出追求服饰、发型、化妆等整体搭配协调的概念。这些概念进而扩展到生活的方方面面。

一、单品搭配

单品在词典中的意思是指块、片、部分等。在服饰领城里，它是指夹克、外套、背心、裤子、衬衫、裙子、连衣裙等单品服饰。单品服饰搭配的要领在于既要简单又要追求变换，让服饰依据人的个性展现出不同的美感。如夹克配衬衫、背心配外套、衬衫配衬衫、衬衫配裙子、裤子配裙子、裤子配礼服、外套相互搭配等（如图5-21）。

二、点睛搭配

点睛搭配是指在某种服装风格上再添加一种服饰从而转换成另一种形象，或者丰富原有服装风格的表现方法。通常，使用围巾、腰带、项链、帽子等饰品。如在黑色套装或连身裙上装饰色彩强烈的腰带或者围巾；如果服饰缺乏个性，可以佩戴项链、胸针、帽子或包等以表现活力。若想改变服装的形态和整体风格时可运用点睛搭配法。如果在普通的套装上搭配长围巾或者其他款式的围巾，将会带来异样的风格。

点睛搭配并非辅助性的形象设计，而是吸引人们视线的简单方法之一（图5-22）。

三、交叉搭配

交叉搭配有穿叉、配对等含意，在服装领域里是指把相反的设计、面料、色彩、风格等要素进行搭配，是一种令人意外、追求新颖的方法。

这种搭配脱离了大众思维，把截然相反的服装款式或风格进行组合。如此一来，异样感的冲击力升华为美感，从而营造出新颖的感觉。年青一代将它当作是展现自我个性的表现方法，并进行了充分利用。它超脱了以往的常识和框架，展现异样美，起到了清凉剂般的作用（图5-23）。

1. 不同形态的交叉搭配

不同形态的交叉搭配主要通过轮廓的对照得以表现，包括上半身和下半身的量感对照。如紧身裤搭配宽松的箱型T恤，或者紧身直筒裙配女士齐腰短上衣。与此相反，紧身T恤上衣搭配宽松的街舞裤或褶裙，也会带来不凡的效果（图5-24）。

2. 不同色彩的搭配

不同色彩的搭配主要使用常规视觉难以接受的配色，从而追求一种意外感。如冷色系的浅色调

◎ 图5-21 单品搭配

◎ 图5-22 点睛搭配

◎ 图5-23 交叉搭配

◎ 图5-24 不同形态的交叉搭配

和暖色系的深色调、鲜色调和深色调等多种色彩之间的搭配，都是强调异样感的色彩搭配方法（图5–25）。

3. 不同面料的搭配

不同面料之间的交叉搭配是指利用完全不相匹配的面料（质感、用途、形象等）所进行的服装搭配，能创造出一种新颖的美感。如有光泽的裤子搭配针织衫、坚硬的牛仔裤搭配柔美的花边罩衫或者坚硬的皮夹克搭配柔和、闪亮的雪纺裙等。

现代社会冷暖设备技术得到了飞速发展，因此人们对于在不同季节应该穿用不同的面料的服装意识逐渐淡漠。不同面料的交叉搭配不再受季节变化的影响，成为多样服装设计的季节搭配形态之一（图5–26）。

4. 不同感觉的交叉搭配

不同感觉的交叉搭配被认为是一种象征个性化美感的搭配方法。它是指不同风格服装之间进行的搭配，包括浪漫与动感的搭配、都市化

◎ 图5–25　不同色彩的搭配

◎ 图5–26　不同面料的搭配

与田园化的搭配、民族服装与异国风格的结合、不同用途服装之间的搭配、传统与革新的调和等。如休闲裤搭配塔式多或晨燕尾服等礼服上衣，就是一种不同用途服装之间进行的交叉搭配。展现女性美的雪纺绸连身裙搭配军服式上衣或夹克，则是一种相反服装风格之间的交叉搭配（图5-27）。

四、个性化搭配

个性具有特征、特性、性格等含义。在服装搭配领域，个性搭配是指把出自著名设计师之手，具有独特商品性格特征的服饰（包括服装、饰品、化妆品和室内装饰品等）进行完整搭配的方式（图5-28）。

◎ 图5-27 不同感觉的交叉搭配

◎ 图5-28 个性搭配

第六章　整体形象风格设计

风格是指设计的所有要素所形成的外观效果，具有鲜明的个性特征。在整体形象上反映出来的思想与艺术上的稳定个性，是与其他形象风格相区别的独创特征。整体形象设计的风格能在瞬间传达出设计的总体特征，具有强烈的感染力。

服饰与整体形象设计的风格一般可归纳为柔美式、阳刚式、古典式、前卫式、典雅式、自然式、摩登式、民俗式等八种。古典式和前卫式形象连接过去和未来；柔美式和阳刚式代表着女性化和男性化；典雅式和自然式代表着静态和动态；现代式和民俗式分别代表都市和城乡、地域和文化的形象。不同的形象风格对应不同的消费群体，传达不同的审美追求，表现出不同的生活方式。

一、柔美式与阳刚式形象

1. 柔美式

柔美式具有女性化、柔美、浪漫的主题个性，给人浪漫、梦幻、甜美、纯真、精巧的服饰印象，强调善良、温柔、贤淑、优雅的女性化气质。柔美式形象具有刻画人体曲线美的形态特性。

柔美式的服饰多使用柔和色调和亮暖色，以轻柔的浅粉色和橙黄色系为主色相，以中高明度的淡蓝、粉紫色相为支配色相。

柔美式的妆型强调有曲线感的眼部化妆，强调唇部用色。发色适于浅淡的温和色系，配以自然蓬松的发型可尽显柔美风范（图6–1）。

2. 阳刚式

阳刚式作为体现独立性强的女性所具有的形象风格，是在整体造型上借用男装风格，具有简洁、严肃、干练的风格特征。

这类形象颜色以冷色和暗色调为主，灰色、绿色、深褐色、橄榄绿等浊色调成为主调。此外，褐色系、绿色系等之间的配色也可表现出阳刚的气质。

阳刚式的妆型采用自然感的咖啡色系作为眼部用色，发色适宜深沉的自然色调，多以短发的造型为主（图6–2）。

◎ 图6–1　柔美式形象

◎ 图6-2 阳刚式形象

二、古典式与前卫式形象

1. 古典式

古典式又称为传统型和保守型，倾向以古典传统作为创作的灵感，注重深厚的文化底蕴的体现，具有不受流行影响，超越时代的价值观和普遍性。给人端庄、高贵、严谨、传统的整体印象。

古典式在主色调的选择上偏爱以中低明度的褐色系，以及葡萄酒色、深绿色、芥末色等有深度的颜色为主，此外还多用暗绀色和黑色。另外，织物本白的象牙色、米色、卡其色、奶油色以及带有不同色彩倾向的灰色也具有古典之美。

古典式的妆型强调有重量感的眼部用色，以咖啡色系、紫色系为主色。发色多以自然的本色为主，造型简洁严谨（图6-3）。

◎ 图6-3 古典式形象

2. 前卫式

前卫式形象由试验性要素强的设计或各种奇妙的设计构成，前卫式形象在形态、颜色、设计等方面超越学识，带有试验性，与其他形象色彩风格进行混合搭配展示个性，可以表现现代感。

前卫式形象配色大胆但缺少普遍性，只被极少数人所接受，体现出革命的、意想不到的、叛逆的、独特的、另类的、前卫的个性。前卫式多选用明度偏高、多色相、高纯度、色彩倾向偏冷的色彩，有时用色彩构成锐利、有冲出力的几何图案，总体上给人冷酷的、年轻化的感觉。

前卫式的妆型强调有重量感的眼部用色，以灰色、黑色、金属色为主色。发色多变，以张扬个性、与众不同为目的（图6–4）。

三、典雅式与自然式形象

1. 典雅式

典雅式是既高雅又端庄并富有品味的形象风格，体现出古韵、豪华、正统、高贵的个性。典雅式以红色、紫红色、紫色为主色，并用柔和的色调防止色泽之间的对比。如果使用不鲜明的淡色调和亮色，则更加着重表现其形象的高雅感。饰品上，通常选择能突显高贵的金色饰品、珊瑚、珍珠等。其典型用色是以中低明度、纯度跨度较大的色彩为主色，以偏冷的蓝、紫色相为支配色，辅以黑、白、灰等无彩色系。

典雅式的妆型强调自然感的眼部用色，以咖啡色系、紫色系、蓝色系为主色。发色多以自然本色为主，造型优雅自然（图6–5）。

2. 自然式

自然式代表着素雅的、运动的、随意的、亲和的、有生机的、明丽的、朴实的感觉，具有明亮生动感和年轻感。

在配色方面，色相多取材于自然界的草木、沙石、泥土、海洋等，给人们以大自然的感受，洋溢着自由的气氛，是温和、自由的风格。除了大量运用中明度的草木色、沙石色外，也运用赤、黄、黄绿、紫等色系，表现出休闲形象。以华美的色彩进行颜色对比，从而有效地表现运动形象。

◎ 图6–4 前卫式形象

◎ 图6-5 典雅式形象

自然式的妆型强调自然感的眼部用色，以咖啡色系、粉色系等为主。发色自然，发型轻松随意（图6-6）。

四、摩登式与民俗式形象

1. 摩登式

摩登式以都市化和高科技氛围为中心，追求富有探索进取心的干练形象，是具有成熟和都市气质以及精明之美的上班族们所追捧的形象。在风格设计上以突出现代都市气质为其主要特征。具有时尚的、科技的、人工形的、激进的、冷峻的、敏锐的整体印象。

摩登式的形象设计以无彩色系的白色、黑色、灰色系列为基调，偏向有强烈的色彩对比和明度对比的配色。常以大面积的冷色或无彩色与某一高纯度的颜色搭配。

摩登式的妆型强调有重量感的眼部用色，以

◎ 图6-6 自然式形象

灰色、黑色、咖色为主色。发色多变，富有创意（图6-7）。

2．民俗式

民俗式形象设计多取材于亚洲、非洲和中东等族元素，特别表现在带有宗教色彩、乡土气质和朴素之感的民族服饰风格。

民俗式色彩丰富多样，多以高纯度为主色调，使用对比色相为配色。民俗式色彩常以大面积高纯度的颜色互相搭配的方式出现（图6-8）。

◎ 图6-7　摩登式形象

◎ 图6-8　民俗式形象

第七章　TPO形象管理

第一节 场合礼仪

一、场合着装

场合着装又名TPO场合着装，是指依据不同的场合着装规则进行服饰搭配，打造完美形象。TPO是西方人最早提出的服饰穿戴原则，它分别是英文 time(时间)、place(地点)、occasion(场合)或objective （ 目的)的缩写。就是告诉人们在着装时要考虑时间、地点、目的这三个要素。

莎士比亚曾说：“服饰往往可以表现人格”。在人际交往中服饰在很大程度上反映了一个人的社会地位、身份、职业、收入、爱好及一个人的文化素养、审美品位等。即使我们沉默不语，我们的衣着与体态也会泄露我们过去的经历，服饰一直被认为是传递人的思想情感的“非语言信息”。服饰的礼仪文化往往体现着一个人的素养与内涵。

二、不同职业的着装

穿什么样的衣服能够表现出你是一个怎样的人。如果你穿着裁剪简单的正装参加面试，不仅表示了你对面试官的尊重，还能够给面试官留下一个良好的印象。一张图片能够抵得上千言万语，看到的总能比听到的印象更深刻。

1. 女性职场形象

对于女性来说，选择西装的时候也要注意颜色，黑色、深蓝、灰色等稳重的颜色是比较理想的选择。款式不要太过新颖前卫，宜保守传统。如果买的是裙装，就一定要注意裙子的长度，不要在膝盖以上，裙子太短是不专业的表现，会使面试官的印象大打折扣。如果上衣是V领的，也要注意开口不能太低，如果很低的话，可以通过丝巾或者内衬上衣来弥补。

在挑选衬衣的时候，无论是颜色还是款式也以保守为宜。不要挑选那些透明材质的上衣，也不要蕾丝花边或者雪纺薄纱。在衬衣里面可以再穿一件小背心，以防走光。

中高跟皮鞋使你步履坚定从容，带给你一分职业妇女的气质，很适合在求职面试时穿着。相比之下，穿高跟鞋显得步态不稳，穿平跟鞋显得步态拖拉；如穿中、高统靴子，裙摆下沿应盖住靴口，以保持形体垂直线条的流畅。同样，裙摆应盖过长统丝袜袜口；夏日最好不要穿露出脚趾的凉鞋，或光脚穿凉鞋，更不宜将脚趾甲涂抹成红色或其他颜色。

确保鞋子的款式专业，不花哨，颜色与套装相配。丝袜的颜色也最好是传统常见的，比如黑色，肉色、深灰等，但必须和套装和鞋子和谐。不要穿明黄、玫红等鲜艳的颜色。

配带画龙点睛的装饰品。当今是一个追求和谐美的时代，适当地搭配一些饰品无疑会使你的形象锦上添花，但搭配饰品也应讲求少而精，一条丝巾，一枚胸花，一条项链，就能恰到好处地体现你的气质和神韵。应避免佩戴过多、过于夸张或有碍工作的饰物，让饰品真正有画龙点睛之妙。否则， 容易分散考官的注意力，有时也会给考官留下不成熟的印象。 皮包大大方方背在肩上，不要过于精美、太珠光宝气，但也不要太破旧，有脏点。应仪表大方青春靓丽。

女性职场妆扮可以适当的化点淡妆，使得更显亮丽。用薄而透明的粉底营造健康的肤色，用浅色口红增加自然美感，用棕色眉笔调整眉形，用睫毛膏让眼睛更加有神。但不能浓妆艳抹，过于妖娆，香气扑鼻，过分夸张，不符合大学生的形象与身份。越淡雅自然、不露痕迹越好，切记一定不要将清纯美掩盖掉。

发型，不管长发还是短发，一定洗得干净、梳得整齐，增添青春的活力。发型可根据衣服正确搭配，要善于利用视觉错觉来改变脸形，根据应聘的不同职业，发型也应有所差异。提示：服装及饰品是求职者留给面试考官的第一印象，得体的穿着打扮能使其为你加分。自己也增加自信，在面试中发挥更好。要达到这个目的，需要研究着装风格，注意细节修饰。

2. 男士职场形象

男生应该选择裁剪良好、款式经典的西服套装，切忌太过前卫的设计。颜色以黑色、灰色、深蓝为宜，并且最好是纯色的，不要有大格子、大条纹什么的，这些在宴会上比较合适，但不适用于面试。衣服的面料最好是比较易于打理又不易变形的。

领带的色调、图案如何配合衬衣和西装是一门很大的学问，也与个人的品味有关，平时应该多注意观察成功人士、知名公司领导人的着装，看看他们如何选择领带。有一点需要特别指出，不要使用领带夹。因为使用领带夹只是亚洲少数国家的习惯，具有很强的地区色彩，并非国际通行的惯例。至于领带的长短，以刚刚超过腰际皮带为好。

裤子的长短宽松，裤子除了要与上身西装保持色调一致以外，还应该注意不要太窄，要保留有一定的宽松度，也不要太短，以恰好可以盖住皮鞋的鞋面为好。同时，千万记住不要穿背带裤，年轻人穿背带裤是很幼稚、很高傲的表现。另外，运动裤、牛仔裤无论是什么名牌，都不是正装，不适宜在面试的时候穿着。

皮带的选择很简单，皮带的颜色以黑色为最好，皮带头不宜过大、过亮，也不要有很多的花纹和图案。有些人的皮带头上甚至嵌着一把手枪，好像在说："你要是不录取我，我就毙了你。"这样的穿着很不专业。

袜子，袜子以深色为好，但平时经常见到一些人穿白袜子，这在国际商务着装中不会出现。深色的袜子应该没有明显的图案、花纹，另外，也不应该穿较透明的丝袜。皮鞋黑而不脏、亮而不新，皮鞋的颜色要选黑色，这与白衬衣、深色西装一样属于最稳重、保险的色调。

保持头发合适的长度，如果你不是去面试广告创意、艺术工作等强调创造性的工作的话，长发不是一个好的选择。注意仔细地打理发型，并且不要忘记刮胡子，要保持面容整洁。

男生最好少带饰品，越简单越好，不要佩戴项链、手链、耳环、鼻环、手镯等，手表是可以接受的。

◎ 图7-1 行业面试着化妆时尚

3. 时尚行业面试着装要点

时尚品牌追求的穿衣态度是简洁大气的，应区别于过于街头范儿的潮流穿搭，服装色彩和款式的选择要有足够的把握。比如在白衬衫外搭条设计夸张的大项链，或者把腰带换个别致的系法，一个小细节的处理，就能令人对你刮目相看（图7–1）。

4. 公务员面试着装要点

西装+套裙，这是女士应聘公务员最通用、稳妥的着装，切忌穿太紧、太透和太露的衣服。服装色彩应避开粉红、嫩绿等看上去略显轻浮的颜色，米色、灰色、黑色、深蓝色，都是可以尝试的优雅而稳重的色彩。闪亮的服装面料或装饰，是面试公务员的着装禁忌（图7–2）。

4. 金融业面试着装要点

无论男女都要穿精致考究的西服套装，颜色应选择深色系，如黑色、深蓝色，让你看上去更加稳重，可信任，上下身不同色绝对是禁忌。衬衫应

◎ 图7–2　公务员面试着装

◎ 图7–3　金融业面试着装

选择质地挺括、颜色素雅的款式，白色当然最安全不会出错。可以选择略有细节设计的款式，比如胸前压褶，但一定不能夸张（图7–3）。

三、休闲场合着装

适合生活、旅游、出行、运动穿着的服饰。时尚休闲着装可以出席一些朋友聚会的着装，家居休闲是在家中的居家服饰，运动休闲是做运动时候的着装（图7–4）。

四、正式活动着装

午服称下午服或略礼服，特指白天外出做正式拜会访问时穿着的服装。

小礼服又称准礼服或鸡尾酒会服，介于午服与大礼服之间，比大礼服简略。穿着时要注重场合、气氛，是适合参加活动派对的服饰。

大礼服又称晚礼服、夜礼服、舞会服。是女士正式礼服的最高档次，是最具特色且充分展示个性的礼服，是适合参加晚宴的服饰（图7–5）。

◎ 图7–4 休闲场会装着

◎ 图7–5 正式活动着装

第二节　形象礼仪

一、仪态美

仪态美学是一种规范、一种修养、一种风度，它与秀美容貌及婀娜身材相比，是更深层次的美。英国哲学家培根说过："相貌的美高于光泽的美，而秀雅合适的动作美，又高于相貌的美，这是美的精华。" 自身的内在修养包括道德品质、性格气质和文化素养的修养等方面，人的外在仪态美在很大程度上是人的内在心灵美的自然流露。

形象仪表美包括容貌美、形体美和在前两者基础上通过服饰装扮而取得的修饰美。容貌美是人的面容。肤色和五官长相的美，它是仪表美中最显露的部分，因而占有重要地位。形体美是人的整体形态的美，是仪表美的基础。所谓"堂堂仪表"，实质上就是指美的形体。修饰美对于强化容貌、形体美具有不容忽视的作用，因而是构成仪表美的重要组成部分。

姿态美是身体各部分在空间活动变化而呈现出的外部形态的美。如果说人的容貌美和形态美是人体静态美的话，那么姿态美则是人体的动态美。一个人即使有出众的容貌和身材，如果举止不端、姿态不雅，就不可能有完善的仪表美。

气质是指人相当稳定的个性特点，风度是指人的言谈举止，有一种较高层次的展现。气质是内在美的性格特点的表现，它是经过长时间的修养、陶冶而形成的，并随着时间的推移而日臻完善，风度受气质的影响，是人内在精神的自然流露。气质与风度唯有相依相融才能使人溢彩流光。

二、形象礼仪的养成

1．穿着适宜的服饰

穿对衣服，可以使得身体瞬间得到很好的修饰，尤其是对女性来讲，不只是外面的衣服，甚至内衣的穿着也很重要。如果把衣服穿得合体的话，身体就能瞬间变得比较美。这可以通过学习来完成，例如，学习一个礼拜着装知识，懂得如何穿衣服，然后把衣服整理整理，把不正确的衣服淘汰一下，人就会变得有气质。

2．打造良好的形体姿态

用较长的时间，建立一个非常好的姿势。例如，站立的姿势、坐的姿势、走路的姿势等，其中正确而美观的走姿是比较难掌握的，根据学舞蹈的经验，走路必须是一个渐进的过程。通过一个良好的仪态训练改变个人礼仪姿势。这是改变习惯的学习，坏习惯要改需要时间，所以需要有一两个月的计划才行。

好的姿势要有基础，包括筋骨要柔软，肌肉要有力，协调性佳等，但这一切都必须通过运动来达成和保持。通过运动把身材锻炼好，特别是女性要养成运动的好习惯，让体态一直保持在一个相对理想的状态中。

肢体语言是指通过头、眼、颈、手、肘、臂、躯干、胯、足等人体部位的协调活动来传达人物的思想，形象地借以表情达意的一种沟通方式。在仪态美学中，肢体语言可以起到支持、修饰或否定语言行为的作用，有时可以直接代替语言行为，甚至表达出语言难以表达的情感内容，它是非常重要的沟通技能。表现自信的肢体语言，戒除所有不好的习惯动作是很重要的，很多人都有不好的习惯动作，只是有些比较严重，有些比较轻微，如果有这些不好的动作，就难以表现出自信的肢体语言。

三、形象礼仪的提升

形象礼仪影响着他人对你的评价，有助于建立友好和谐的人际关系，能缓和并避免不必要的矛盾和冲突。礼仪既要求一个人要有与人为善的道德观念，又要求一个人要有优雅得体的言行举止。因此，受过良好礼仪教育或注重礼仪修养的人，其人格成长与高尚有缘。

一个人要是从小开始就全面接受礼仪规范的教育训练，自然能够完成高尚健康人格的塑造。在现代社会中，任何一个人都要处理好与自身发展密切相关的内外关系，树立健康、积极的个人形象。不断学习礼仪细节内容，养成学、悟、用、记、律的精神，长期坚持落实，久而久之，会对个人的礼仪素养起到蜕变式的作用，对个人的社会形象塑造会起到良好的效果。礼仪具有很强的凝聚情感的作用。将礼仪提升为生活艺术需要保持一颗善解人意的心，培养敏锐的感受性，落实礼仪规范，体察社会脉动与国际趋势，了解各国风土人情与文化等。在日常的家庭生活中，要朝着比较趋向国际化的方式去生活，例如给自己的孩子一个比较国际化的生活训练，在家里不大声说话，这尽管是一种生活上的小节，如果这些小节都做到了的话，无论到了哪里，都会觉得舒服很多，也不会发生一些尴尬的情况。国际礼仪当中有很多讲的是生活上的小节，因为这些东西是生活上天天会碰到的，是一个很好的检验方式，同时也有利于对自己的生活习惯进行一定的调整。礼仪其实只是一种手段，最重要的是希望通过这些礼仪，可以让生活品质得到提高。

第八章　创意整体形象设计

一、 创意设计的理解

创意设计就是把再简单不过的东西或想法不断延伸给予的另一种表现方式创意设计，包括工业设计、建筑设计、包装设计、平面设计、服装设计、个人形象创意设计等内容。创意设计除了具备了“初级设计”和“次级设计”的因素外，需要融入“与众不同的设计理念——创意”。

初级设计范围划分一般是以是否在表达图形上是否以“具象化”为指导目标，标志设计就像绘画一样真实表现图形；当然，不代表具象化设计都为初级设计，这里主要以对比举例说明；

次级设计在设计过程中会在“初级设计”的基础上再深入简化设计非重要部分，更精练化主要部分，更适合传达、记忆和制作过程中便于实现。

创意设计，简而言之，它是由创意与设计两部分构成，是将富于创造性的思想、理念以设计的方式予以延伸、呈现与诠释的过程或结果。

创意服装就是在服装构成或设计上的富有创造性的意念，它包含着不断创新、创造的过程，设计的宗旨就在于“新”。它体现在服装造型构成上的“新”形式、“新”结构、“新”造型等，而这个“新”还带有原创的含义。从主观上讲它是设计师个人思想，个人情感、情趣的体现，也是对知识、前人经验及自我实践等长期积累的感悟。从客观上讲，它能提高消费者审美意识，倡导时尚流行，开辟服装更新发展的新境界。设计者只有形成了创意习惯，才能达到服装创意如涌泉的境界。

创意形象设计，重点以形象设计中的创意时尚设计内容为主。包括T台模特的形象创意设计，时尚创意设计，品牌彩妆展示设计等。

二、 创意整体形象设计的前提条件

创意整体形象设计过程包括构想、计划、制作等环节，所有活动都为实际应用而展开，设计过程受到方方面面条件的限定。

首先，设计师必须明确设计所服务的对象、时间、地点、目的，即何人、何时、何地、何因几个条件，同时还要考虑设计的相关因素以及设计消耗的时间和经费等问题。

其次，形象设计要求以人为本，要求内容与形式关系的和谐统一。设计师既要用艺术家的眼光运用色彩的原理和形式美法则进行设计搭配，还需要从社会生活角度出发，用一定技术塑造出兼具现实美与艺术美的人物形象。

概括创意形象设计成立的基本条件是合理性、经济性、审美性与独创性的统一。

所谓合理性，是指色彩与材质的选择与配置是否符合被设计者的生理与心理条件，是否符合人物的职业与生活环境，是否符合其设计的目的等。

所谓经济性，是要求以最小的付出换取最大的回报。设计过程中的材料消耗、劳动人数与花费的时间等因素都要事先经过科学的预算。

所谓审美性，是指形象设计必须符合美的规律和审美意识。

所谓独创性，是要求设计富有创意，展现出全新的思想与理念。

三、创意整体形象设计的程序

1. 确定设计主题

根据特定的性别、年龄、形体、心理、季节、用途等因素，进行创意形象设计构思，创意主题与色彩表现，结合服饰风格、款式、质地、图案等细节确立设计主题。

2. 设计方案推敲与完善

画出多个设计方案的草图，进行全面分析和比较从中选优。同时思考并确定能充分表现主题的工具材料(图8-1)。

3. 选择与主题相应的化妆造型主题、服装、配

件等进行试妆，结合实际情况对原有的设计方案进行修正和完善(图8-2、图8-3)

4. 按照设计主题和修正后的设计方案制作完成创意形象设计。

综上所述，首先着力创意形象整体安排和设计，其次着重对复杂的物象进行取舍、重组乃至构成，着重创新思维以及适当的表现方法应用，随后融入设计意识，融入主观想象因素，进行不同的表现手法、表现媒材及表现效果的实验，最终实现自身的创作理念，完成创意形象的设计。

四、创意形象设计作品

此章节的创意设计图片大部分是由学生创意设计制作并独立完成的(图8-4图8-11)。

◎ 图8-1 整体创意形象设计的效果图例

◎ 图8-1 创意形象的妆面设计效果图例

◎ 图8-3　创意形象设计的整体造型实训图例

◎ 图8-4　创意形象设计的妆面实训图例

◎ 图8-5　整体创意形象设计完成实例（一）

◎ 图8-6　实例（二）

◎ 图8-7　实例（三）

◎ 图8-8　实例（四）

◎ 图8-9 实例（五）

◎ 图8-10 实例（六）

◎ 图8-11 实例（七）

参考文献

［1］（韩）李京姬，金润京，金爱京. 形象设计[M]. 北京：中国纺织出版社，2007.
［2］于西蔓. 女性个人色彩诊断[M]. 广州：花城出版社，2003.
［3］周生力. 整体形象设计[M]. 北京：中国化工出版社，2012.
［4］艾行爽，熊雯婧. 形象色彩设计[M]. 北京：中国化工出版社，2014.
［5］周生力. 服饰设计与形象塑造[M]. 北京：中国化工出版社，2012.
［6］吴帆. 化妆设计[M]. 上海：上海交通大学出版社，2010.
［7］包铭新. 世界名师时装鉴赏辞典[M]. 上海：上海交通大学出版社，1991.
［8］景淑静. 服装造型设计[M]. 北京：中国劳动社会保障出版社，2005.
［9］唐宇冰. 化妆造型设计[M]. 北京：中国化学工业出版社，2009.
［10］景淑静. 服装专题设计[M]. 北京：中国劳动社会保障出版社，2005.
［11］唐泓，阮超. 服饰品设计[M]. 武汉：湖北美术出版社，2002.
［12］许星. 服饰配件艺术[M]. 北京：中国纺织出版社，2005.
［13］吴帆. 形象色彩设计[M]. 上海：上海交通大学出版社，2007.
［14］王渊. 服饰搭配艺术[M]. 北京：中国纺织出版社，1999.